农业工程师伦理

——从事例中学习

事例に学ぶ——農業の技術者倫理

[日] 水谷正一　津谷好人　富田正彦　野口良造　编著

陈菁　潘悦　译

·北京·

内 容 提 要

本书是日本宇都宫大学教授水谷正一、津谷好人、富田正彦、野口良造等2007年编著出版的《事例に学ぶ——農業の技術者倫理》（農林統計協会，2007）的中文译本。翻译时尽可能保持原著风格，同时兼顾中文读者的阅读习惯。全书由两大部分共六章以及附表构成。第1部为基本理论，分为四章，第1章梳理了有关工程师伦理的基本理论与知识；第2章归纳总结了农业工程师伦理的特征；第3章是关于农业工程师伦理与生命伦理、环境伦理之间关系的研究；第4章以访问调查的方式记述世界农业工程师伦理在动物福利、有机农业、转基因、大规模农业等方面的最新进展。第2部为实践教材，分为两章，第5章是伦理困境的事例研究；第6章是对问卷调查和现场调查所获得的资料进行编辑和重构形成的“生产现场的伦理纠结事例”，这也是本书独一无二的特点。

本书可作为农业类高校的本科和研究生教材，也可作为相关研究人员或工程技术人员的参考用书。

图书在版编目（CIP）数据

农业工程师伦理 : 从事例中学习 / （日）水谷正一等编著 ; 陈菁，潘悦译. -- 北京 : 中国水利水电出版社，2021.6

ISBN 978-7-5170-9643-6

Ⅰ. ①农… Ⅱ. ①水… ②陈… ③潘… Ⅲ. ①农业－工程师－伦理－研究 Ⅳ. ①S

中国版本图书馆CIP数据核字(2021)第112905号

北京市版权局著作权合同登记号：01-2020-2503

书 名	**农业工程师伦理——从事例中学习** NONGYE GONGCHENGSHI LUNLI——CONG SHILI ZHONG XUEXI
原书名	事例に学ぶ——農業の技術者倫理
原作者	［日］水谷正一 津谷好人 富田正彦 野口良造 编著
译 者	陈菁 潘悦 译
出版发行	中国水利水电出版社 （北京市海淀区玉渊潭南路1号D座 100038） 网址：www.waterpub.com.cn E-mail：sales@waterpub.com.cn 电话：（010）68367658（营销中心）
经 售	北京科水图书销售中心（零售） 电话：（010）88383994、63202643、68545874 全国各地新华书店和相关出版物销售网点
排 版	中国水利水电出版社微机排版中心
印 刷	清淞永业（天津）印刷有限公司
规 格	140mm×203mm 32开本 5.5印张 153千字
版 次	2021年6月第1版 2021年6月第1次印刷
定 价	**39.00**元

译 者 序

《农业工程师伦理——从事例中学习》（原著：事例に学ぶ——農業の技術者倫理）是以日本宇都宫大学著名学者水谷正一为首的四位教授鉴于日本当时农业工程师培养中伦理教育的迫切需求而编写的教材。水谷正一教授作为日本农业生态工学的发起人与奠基者，在工程伦理学、环境伦理学与生命伦理学上有丰富的研究与实践，具有独到的见解。该教材基于对农业工程师伦理与实践的密切相关性的认识，全书分为基础理论与实践两大部分来编写。本书作者在完成了文部科学省资助的两项农业工程师伦理的相关研究后，将所获得的数据资料与事例作为本书实践部分的重要基础，这是本书独一无二的特点。教材在日本农业类高校中得到广泛认可，促进了日本农业工程师伦理教育与相关伦理问题的研究。

随着我国农林畜牧业及农业机械、农业水利、化肥农药生产、农产品加工业的高速发展，相关科学技术与产业的相关性越来越密切，与此同时，科学技术的应用所带来的工程伦理、环境伦理与生命伦理问题也越来越突出，需要引起高度重视。而日本与我国同处于季风气候区，农业结构与生产环境有许多相似之处，特别是我国目前农业的发展阶段与20多年前的日本相似性较高。因此日本的农业工程伦理研究对我国具有重要的借鉴价值。

我国的工程伦理研究和工程伦理教育起步相对较晚，在农业类高校中尚未全面开展农业工程师的伦理教育。由于教育的欠缺，一批又一批的农业类毕业生在走向工作岗位从事行业工作时，缺少农业工程师必备的工程伦理知识，缺乏对环境伦理与生命伦理的感悟力，这将给他们的职业生涯造成不可弥补的限制与损失。有鉴于此，本书译者在所在学校河海大学开设了“农业工程师的伦理”课程，并翻译了本书作为教材。

本书内容全面完整，实践特色突出，可以极大地拓宽农业工程从业者的视野和认知，不仅可以作为农业类高校本科及研究生的教材，还可以作为农学、农业工程研究者和相关技术人员的参考用书，对于有兴趣研究伦理学的读者，本书也是难得的佳作。

本书的出版得到中国水利水电出版社林京编审的鼎力支持，在译者初次与林京编审的交谈中，就敲定了翻译出版事宜，不得不感佩于她的敬业、魄力与预见性。夏爽编辑审读文稿花费了许多精力。在书稿的翻译过程中得到水谷正一先生的热情鼓励与帮助，获得日本农林统计协会山本博先生的大力帮助。陈林女士和小关兰女士对一些疑难问题给予了解答与帮助。在此对在本书的翻译、出版过程中给予大力帮助与支持的朋友们致以衷心的感谢。

限于译者的学识和水平，译著中错漏谬误之处在所难免，恳请读者诸君批评指正。

译者：陈菁　潘悦

2020 年 12 月

前　言

2007 年伊始，西式糕点制造商“不二家”使用超过保质期限的牛奶作为生产原料，东窗事发。“不二家”在关东的工厂因原料奶不足，需要从关西的工厂调剂以渡过难关，而两地之间运输需要一天，由此造成原料奶过期。对此，厂方采取了视而不见的态度；据说过去多次发生过同样的事，且长期以来这家工厂一直存在鼠患。“不二家”这一连串的丑闻，是在西式糕点制造商过度竞争的背景下，因企业内各岗位的技术人员长期以来的疏忽大意造成的。虽然“不二家”是通过环境管理系统“ISO 14001”认证的制造商，但在认证审查过程中，审查专家并没有对作业实况进行充分检查。尽管工厂生产线的负责人和 ISO 14001 的认证审查专家都是工程师，但相较于经济利益，他们对奶油产品的安全性缺乏足够的重视。

这是最近比较突出的例子。类似的事件每天都有许多报道。通常，社会对科学技术的深度依赖是资本主义发展的结果，而现今科学技术正在成为某些人追求金钱利益的手段。并且，“在科学技术具有的正负两面的功能中，必须利用有助于追求利益的正面功能，而科学技术的负面功能，如果能够予以遮掩则也可以盈利”，缺乏道德的伦理风险（moral hazard）正在蔓延。

这种情况并非现在才有，并且也不限于日本。借助新技术成为 20 世纪产业发展火车头的美国，在很早的时候，就发生了类似的丑闻。1934 年成立的美国国家专业工程师协会（NSPE）在章程中明确，成立协会的目的之一是敦促专业工程师“在履行专业职责过程中保持操守”，并于 1954 年在协会内设置了伦理审查委员会。以 NSPE 为主导，美国迅速开展了有关产业界工程师职业伦理规范的研究，大学开设了“工程师伦理”课程。而日本却远远落后于这种趋势，直到为了让技术类专业毕业生得到国际认可，成立了日本工程师教育认定（JABEE）机构（1999 年）之后，工程师伦理教育才盛行起来。JABEE 是对高等教育机构实施的工程师教育是否达到要求进行评估，对符合要求的教育项目进行认证的专业认证制度。由于在 JABEE 审查中，“工程师伦理”被列为必修科目，因此以工学部（日本的大学一般下设学部，如工学部、农学部等——译者注）为中心，开始设置“工程师伦理”课程，并在各大学迅速推广。在农学部中，较早应对 JABEE 的农业工学类学科，聘用兼职教师开设“工程师伦理”课程的例子不断增加。

尽管如此，这些课程仍偏重于工业企业的经营伦理和企业内的工程师伦理。虽然在很多工程师伦理教科书里也都例举了与农业相关的事例，譬如将卖剩下的牛奶回收后返回原料罐内，造成 13000 多人集体中毒的“雪印（牛奶生产商——译者注）事件”（2000 年）等，但这个事件也还是牛奶生产企业内部发生的伦理风险，和农业第一线的伦理事件仍有很大不同。

农业是以植物吸收太阳能为基础的生物生产活动，是一种运用工学技术控制生产环境要素如水和土等，通过农业技术、生物技术、药学技术等介入作物和家畜以及病虫害、杂草等生命体，生产人类所需要的粮食和生物材料，使人类社会得以成立的技术工作。农业技术涉及的对象和技术领域都极其广泛，这一特性派生出对农业工程师特定的伦理要求。但迄今为止，工程师伦理教科书并没有对此进行相关的探讨。

在当今的环保时代，越来越倾向于以淀粉取代石油为原料，制造可生物降解的塑料产品；用淀粉制造生物乙醇、用废油制造生物柴油作为汽车燃料的技术也渐渐付诸实用，用木质纤维素制造乙醇等技术也迎来了实用化的曙光。甚至在不远的将来，用于燃料电池的氢也将可以从生物质中提取。20 世纪工业的巨大发展以大量消费石油为代价，其结果是全球气候变暖和塑料等不可降解废弃物堆积如山，甚至产生了最坏的有毒物质二噁英。现在，取代石油的生物质以各种形式支撑着 21 世纪的生活，资源循环型社会将要开花结果。

处于这样的时代，工程师伦理却存在一个重大缺陷，即没能全部覆盖特定的这一部分人——农业工程师。改变这种状况是农学的责任。基于此，宇都宫大学农学部组织了囊括农学所有专业领域的研究会，2004 年借助文部省科学研究项目（策划研究）开展“‘农业工程师伦理’体系构建研究”。在此基础上，2005 年继续实施了为期 2 年的文部省科学研究项目（基础研究 C）“基于事例分析的农业工程师伦理的构建研究”。

3 年的科研经费资助研究，首先以农业的行业主体（农业试验场、农业改良与普及机构、农协、农业振兴事业所、农业相关企业、农户、林户）的工程师约 1500 人为对象，在 2004 年实施了问卷调查。这个问卷调查从以下方面把握研究农业工程师伦理必要的探讨范围：①工作现场发生的非伦理问题；②防止非伦理问题发生的检查制度；③伦理问题中农业工程师必须坚持的立场和态度；④农林业现场最需要注意的事项；⑤针对工程师伦理相关问题例举典型事例等。从回答中得到的具有伦理问题的事例，遍及5个主体（农户、农协、企业、农业试验场、大学）、4个领域（粮食作物生产、设施农业、畜产业、林业）的20个组合。从这20个组合的分类事例中，聚焦与农业技术伦理相关的具有代表性的事例，进行现场调查，以把握日本农业工程师在农业生产中伦理选择的情况。与此同时，通过海外调查掌握发达国家对农业工程师伦理教育和研究所做的工作及其认知情况，进而，将这些成果作为资料，在农户、农协、农业试验场、生物相关企业工程师、消费者、工业工程师、农学部学生等多方参与的研讨会上，反复进行研讨，阶段性地完成了反映日本固有社会背景、农业形态、自然环境等的“农业工程师伦理”的构建。这项研究成果，经汇总整理，成为了这本农学类大学课程的教科书。

本书由第1部（讲义教材）和第2部（实践教材）共6章和附表构成。第1部的第1章为有关工程师伦理既往的研究与知识，以此描述农业工程师伦理学在时间轴上所处的相对位置。第2章是将农业工程师伦理的特征从生物生产特性上进行归纳把握，通过①对社会经济的责任感；②对“生命”的责任感；③对子孙后代的责任感三个轴构成三角坐标，明确了伦理观在此坐标上的位置可以表达伦理观的性质这一结论。第3章是关于农业工程师伦理与生命伦理、环境伦理之间关系的研究。针对经常遭遇生命伦理冲突、环境伦理冲突的各种生产技术进行考察，可以知晓“农业工程师伦理”不外乎是有效控制的生命伦理，有效控制的环境伦理而已。第4章是有关农业工程师伦理的世界最新动态的记述，根据对相关人士、相关单位所做的访问调查，对有关动物福利、有机农业、转基因、大规模农业等的伦理问题进行了梳理。

第 2 部的第 5 章是通过调查对获得的伦理困境事例进行研究，对其主体、原因、场所的属性进行了梳理。第 6 章是在生物生产的各个领域持有各种立场的工程师（包括农户等）在技术现场的伦理纠结事例集，通过将问卷调查和现场调查所掌握的资料进行编辑和重构，总结成实践教材——“生产现场的伦理纠结事例”。

作为初次出版的“农业工程师伦理”教科书，本书所依据的基础资料在空间和时间上都十分有限，只能算略具雏形。作者期待本书作为农学类大学课程的教科书，通过广泛使用，在学生诸君的参与下，大家共同努力，使“农业工程师伦理”能够不断成熟完善起来。

回顾以往，通过 40～50 年的农业工程师的国外派遣与交换，大家逐渐认识到，亚洲季风气候区的农业生产技术与欧美相比有较大不同，而欧美在农业工程师伦理研究和教育方面较为先进。我们在编写本书时，以欧美诸国为对象，通过了解其对农业工程师伦理教育、研究的推进和认知状况，初步阐明了欧美与亚洲季风气候区农业生产技术的差异和共同点，这也给亚洲季风气候区诸国在思考农业工程师伦理的应有内容时提供了参考模式。

在研究和执笔的各个阶段，本书得到众多朋友的指导和帮助。特别是寺中理明、渡边和之、石原邦三位老师，在研讨会上为我们做了充满启发性的总结；山根健治、神代英昭两位老师不辞辛劳对全稿进行了通读审稿。作为第一部农业工程师伦理的教科书，本书得以问世实在是承蒙众多朋友的协助：（财团法人）农林统计协会的川边真一先生、木村正先生充分理解本书的意图，给予了很大的帮助并编辑了本书；在研究阶段中得到了文部科学省的科研经费（策划研究，课题号码：16638006；基础研究C，课题号码：17580212）的资助；在出版阶段得到文部科学省科研经费（研究成果公开促进费，课题号码：195198）的资助。附记以上内容以表谢意。

编著者代表　水谷正一

2007年6月30日

目　　录

第2部　从事例中学习的农业工程师伦理

第 1 部

农业与工程师伦理

第1章
什么是工程师伦理

工程师伦理（engineer ethics）是由工程师与伦理组合而成的词语。为了掌握工程师伦理的概念，首先把工程师与伦理二者分开，在理解各自的内容之后，再来掌握工程师伦理的概念。

1. 什么是工程师

工程师是什么样的人呢？工程师这一词汇并不那么古老。15世纪，列奥纳多·达·芬奇（1452—1519年，意大利人）等许多天才发明了各种装置和机械。从那以后，将这一类人称为“在科学、艺术领域具有非凡创造性才能的人：en＋genius＋er”即engineer（工程师）。其中：①“en”是“做什么”或者“使成为什么”的词头；②“genius”意味着“在科学、艺术等领域的创造性天才，非凡的才能”；③“er”表示“作……的人”的词尾。

因此，尽管各领域有别，工程师，以及在工程师摇篮里学习的工程类学生，必须觉悟到“engineer”这个词包含着进行发明创造，肩负着文化和文明光荣使命的意思。

2. 工程师的社会责任

近年来，工程师伦理越来越受到高度关注。这是因为从下述观点来看，工程师的影响力和社会责任不断增大。

控制科学技术危害的需要

人们在利用科学技术使生活变得丰富多彩的同时，也承受了科学技术带来的副作用。如果不对其加以控制的话，甚至有可能威胁人类的生存。具体的事例就是全球气候变暖现象。地球环境问题中有臭氧层黑洞、沙漠化、森林破坏等，但其中最为棘手的问题是全球气候变暖。地表的平均温度从18世纪产业革命开始至今，上升了约1℃（截至2007年本书日文原版出版时间）。这是由于大量使用了具有科技含量的产品机械，消费了巨量的化石能源，其结果是大气中的二氧化碳含量升高，产生了温室效应。如果地球的气温如此持续升高的话，人类不仅将失去舒适的生活，甚至有可能灭亡。因此，自产业革命以来，科学技术在丰富了人类生活的同时，其副作用也产生了危及人类生存的可能性。

即使没有到关系人类存亡的程度，从事科学技术工作的工程师由于职务使然，他们理所当然地开展的工作，却有可能给对科学技术不甚了了的一般公众的安全或健康带来损害。制造科技产品产生的废气和废弃物、问题食品和问题汽车等，以及药品的副作用就是这一类。公众并不是这些危害的制造者，也没有回避危害的知识，却成为无辜的受害者。而工程师不仅是科学技术的创造者，由于还与人类利用科学技术的细节密切相关，具有尽早探寻并控制科学技术产生的副作用的可能性。鉴于工程师这一角色定位，公众对他们寄予了很高的期待，因此，工程师有必要确立社会伦理观以规范自身的行为。

从灾害中救助公众的需要

公众可能受到的危害，不仅来自科学技术的副作用，还有地震、火山喷发、洪水、海啸、山崩等自然灾害。灾害发生时，工程师们也有能力进行救助。比如2000年3月31日有珠山火山喷发，当时根据气象厅的情报，在火山喷发前完成了居民的疏散工作。这在日本的火山喷发预报、防灾计划的历史中是第一次做到。

因此，随着科学技术的发展，人们可以成功预报灾害，快速地进行灾害救援与恢复。与过去人类臣服于自然的威力相比，我们能够明白科学技术对确保公众的安全与健康做出了巨大贡献。工程师运用专业技能对面临危险的事物施救，在判断只有自己能够做到并采取行动时，高度的伦理自觉是不可或缺的。人们期待工程师做出这样的判断与行动，同时这也是公众所描绘的工程师的理想形象。

推进公共福利的需要

与人们生活相关的产品和服务没有一样离得开科学技术，这并非言过其实。通过提供科技产品与服务，运营的企业获得利润的同时也增进了公共福利。但人类的欲望是无止境的，人们对能够实现这种愿望的工程师寄予了很大的期待。同时必须看到，工程师们有很多在企业工作。如果还有人相信企业具有趋恶倾向，以公司利益至上而坑害消费者销售粗劣商品的话，暂且不谈过去，在现今这样的认识是错误的。

因为现代商品大多是大量制造，广泛销售，在市场经济规律有效作用的竞争中，违反公共福利的产品将会被淘汰。报刊、电视节目对有缺陷的商品事故、产品召回进行报道，也是缘于这样的机制。企业为了在竞争中胜出并生存下来，需要以提高产品品质为目标，开发新产品。这是一种支撑公共福利的机制而不是相反。产品品质的提高和开发新产品，都要依靠工程师，因此他们是否以工程师伦理为基础开展工作而备受关注。

工程师具有公众所没有的特质，那就是具备科学技术的专业知识、经验与能力。反之也可以说，对公众赋予科学技术的专业知识、经验与能力，他就可以成为工程师。因此，工程师能够了解并理解公众的苦、乐与愿望，能够在此基础上设计、生产出实现公众愿望的产品和服务。工程师能够将公众和专家两种立场在人格上统一起来，实现这种统一的基础之一就是伦理。

综上，本节论述了工程师必须以伦理为基础开展实践，并基于此获得公众的信赖和期待。其次，工程师具备知识、经验和能力，从控制危害、灾害救助、推进公共福利三个方面论述了公众对工程师伦理的关切。

3. 什么是伦理

工程师的行为实践以伦理为基础才能为公众所接受，这就是人们开始关注工程师伦理的动机，这一点已从工程师与科学技术的关联性角度进行了论述。但是，在日本发展健全的工程师伦理存在着历史局限。科学技术与伦理产生于西方社会，而日本则是在约100年前明治维新时期吸收西方文化时，将其作为新知识引进，这是过去日本社会质地上所没有的文化类型。

在美国，道德（morals）和伦理是区别使用的。而在日本，有许多类似的词汇，如“morals”“伦理”“道德”“美德”“良心”以及“常识”等，外来语与日语混用，有时含义有些混淆。这里将“道德”与“伦理”，以及“法律”与“常识”进行对比，从而对工程师伦理中的“伦理”进行定义。

道德与伦理

道德，是人与人的关系中识别“可以做”和“不可以做”的判断基准，并据此采取行动的意识（sense）。伦理，是根据道德进行判断，从而形成“做某事”和“不做某事”的行为规范。人们在社会中生存，伴随着与他人的关系而生活。个体之间，“可以对他人做某事”和“不可以对他人做某事”的意识，本质上没有不同。因此，可以说人们在意识本源上具有共同的道德。基于此形成的行为规范就是伦理

（图 1.1）。

法律与常识

日常生活中人们指具有某种行为的人说“没有常识”“缺乏常识”，或者“没有道德”“缺乏道德”。这种情况的“道德”与“常识”相当于美国的（morals 和 common sense）。以这种常识为基础形成的规范就是法律（图 1.1）。

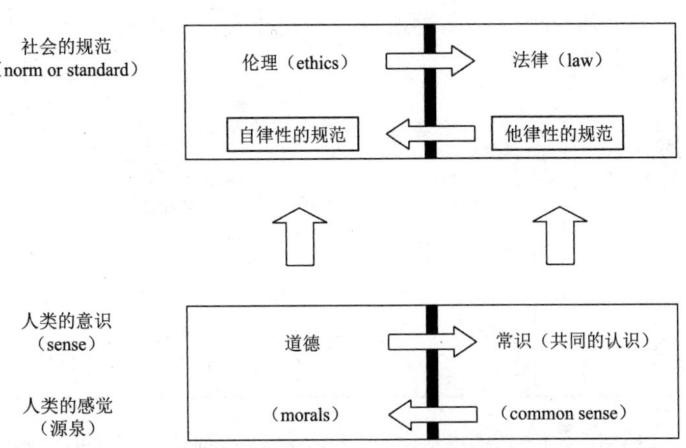

图 1.1　“伦理与法律”以及“道德与常识”

注：1. 伦理与法律是一种互补关系，上图的纵线可以左右移动。
2. 以道德为基础判断“我们一起去做某事”这种规范的形式为伦理，以常识为源泉作成规范的形式就是法律。
3. 杉本泰治、高城重厚《大学讲义 工程师的伦理入门》，丸善（株式会社），2002。

伦理与法律

人们的意识中具有道德和常识，以此为基础，主要从道德形成伦理，常识形成法律，二者成为我们社会的主要规范。

法律是国家或者地方政府基于权限强制公众遵守的他律式规范。基于公权力的强制手段如，谁违反法律则被投入监狱进行拘役、拘禁，或者被处以罚金等刑罚。而与此相对，伦理是需要各个个体自主地遵守的自律式规范。伦理与法律是一对相互补充的关系，法律不能覆盖的方面通过伦理来补充，只有伦理则不足以规范公众行为的部分由法律来填补（图1.1）。

4. 工程师伦理

上文分别对工程师和伦理进行了论述，这两个词汇组合起来的概念就是工程师伦理。下面再通俗一些对伦理与工程师伦理进行比较论述（表1.1）。

表1.1　　伦理与工程师伦理的差异

比较项目	差异的内容
伦理	人（自己）⟹ 他人 直接的
工程师伦理	工程师（人）⟹ 物（产品、服务）⟹ 公众（他人） 间接的

一般来说，伦理是反映人与人（自己与他人）之间直接的关系。也就是说，是一种能够直接考虑他人感受的一种人际关系。与此相对应的，工程师伦理，是一种以物（产品、服务）为媒介的间接人际关系。例如，开发制造瓶装饮料的工程师，通过注入塑料瓶的饮料，使得购买瓶装饮料的消费者，能够从饮用中获得欢喜与满足。换言之，工程师与消费者之间形成了以瓶装饮料为媒介的人际关系，即通过媒介物间接地考虑他人感受的人际关系。在这个例子中，通过考虑塑料瓶的形状（例如手更容易握住等），使得消费者得到满足就是工程师的伦理实践。通过媒介物，工程师必须给予公众满足感从而使产品得到公众的喜爱。工程师通过这样的行为实践，实现作为工程师的社会责任，这是工程师伦理中的题中应有之意。

但是，要履行责任，仅仅只有思想准备和认识是不够的，需要有工程师伦理上的自律。也就是工程师关于伦理问题，能够根据适用的资讯和理性思考，在不需要他人强制的状态下（自律状态），作出判断并据此开展实践。工程师必须具有在自律的伦理自觉状态下做决定的能力。

为此，大学或者企业，在工程师伦理教育（包含OJT，on the job training）中，将迄今为止发生的工程师伦理冲突案例汇编作为学习工程师伦理的教材，其必要性不言自明。有鉴于此，以美国为主陆续出版了许多工程师伦理的教材。

这些教科书中所列举的案例，主要是企业工程师伦理上的内心冲突问题，但如开头所述科学技术的副作用如今已涉及地球环境问题，对它的控制需要通过工程师的独立伦理决策来实现，因此相关工程师就不仅是大学或企业的工程师了。由于农业（包括林业、林产业，下同——译者注）与地球环境深度相关，农业工程师的独立伦理判断得当与否也与地球环境问题有深刻的关系。而农业中，生产方式和技术的选择很大程度是农民们经营决策的一环。因此，针对有必要进行控制的科学技术危害，要求做出独立伦理决策的“农业工程师”，肯定必须包括农民。但是，如开头所述工程师“engineer”的词源清楚地说明，迄今为止的工程师伦理理论中的工程师是指大学或企业的工程师，不包含农民。因此工程师伦理理论需要新的拓展，这是第一点。

其次，从“engineer”一词的构成表明的特征来看，工程师是“锐意创新，创造文化、文明”的主体。然而，农民是在“engineer”一词不存在的遥远的过去就有的，他们依据一定的固有信念（也包含伦理判断或道德）勤勉劳作。虽然这种“信念”是什么样的内容还仅是想象而已，但在以畜牧业为主的欧洲农业的农民社会中，产生了生杀予夺权力神授的“一神教”，而以水田稻作为主的亚洲季风气候区农业的农民社会中，产生了在身边的自然中感知八百万神明的“多神教”，由此我们可以得到一个启示：对自然资源施以创造性的努力，创造文化、文明的“engineer”与欧洲畜牧农之间，共有着在西欧文明的基底流淌的“自然是为了人而神授的存在”的思想是可以理解的。更简单地说，人们对生物、生态和环境保护的关切十分淡薄。现在的地球环境问题，表明了这种思想的欠缺。近年来，西欧产生的认为所有生物（包括人类在内）具有同等权利的“深生态学”，也许是矫正这种欠缺的先锋探索。然而，现在对于创造出作物和家畜的人类，以及已拥有66亿人口的人类社会来说，“自然是为了人类而存在的”说法，只不过反映了事实的一方面。那么，包含了农民行动的地球环境问题对策，换言之，“工程师伦理中所指的工程师中加入农民”的说法，反映了与自然和谐的宗旨，即在工程师伦理中有必要加入和八百万神共生的，亚洲季风气候区的水田稻作文明的智慧。这是工程师伦理理论需要进行拓展的第二点。

满足以上的第一、第二两点的探索是本书的课题，把本书命名为“农业工程师伦理”的话，在种种伦理观的视线所及“视域”的差异中，可以考虑像图1.2那样进行定位。伴随“农业工程师伦理”研究的深入，可以期待工程师伦理理论将有新的发展。

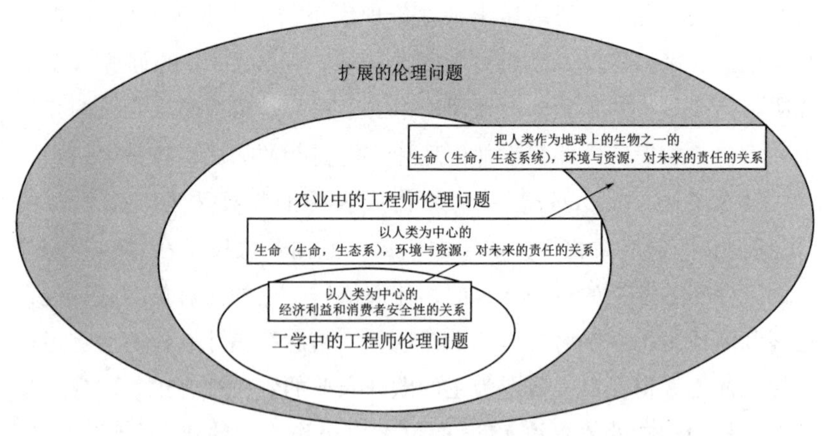

图1.2　工程师伦理的视线所及“视域”的不同

（安藤正博）

第 2 章

农业工程师伦理的特征

人对他人及社会，遵守不做不能做的事情的意识，也即人类道德，在不同区域、不同历史阶段、不同社会大致都是共同的。也就是说人类社会有共同的道德思想。然而，在漫长的进化过程中，作为生物的人抱有强烈的利己之心，个人的行为屡屡表现出利己的特性，与社会公共道德背道而驰。调整利己行为，遵从道德意识，创造人们能够生存的社会结构并运行之，是政治的作为。数千年来的东西方文化典籍都是论述这样的社会机制与运营方法，即所谓的政治论。个人的利己倾向与社会公共道德的契合是多么困难，由此可见一斑。

与曾经的农业社会相比，随着社会对科学技术依赖的加深，个体的农业经营变得复杂多样，个人的利己倾向与社会公共道德契合的困难不断增大。科技社会的复杂性和多样性是由科学家和工程师创造的，就这一点来说，科学家和工程师自利倾向与道德之间的冲突，成为影响社会发展方向的重要因素。而工程师在职业中必须遵守的道德就是“工程师伦理”，近年来，快速形成的“工程师伦理”体系的概要，已经在第 1 章做了陈述。

但是现今的科技社会由产业革命以来的工业发展赋予其特征，从业的工程师大多属于工业部门，因此第 1 章中所论述的工程师伦理，严格地说不得不称为“工业工程师伦理”。以生产的工业制品为媒介，工程师对他人产生的利益或不利确实是令人关心的重要问题。然而，涉及人们的利益或不利并不只是以工业制品为媒介，过去的农业社会则绝大多数以农、林、水产品为媒介，与农业生产相关的道德自古以来也是人们关心的重大问题。例如，江户时代为了抵御严重的洪水灾害而限制滥伐森林的“山川掟（山河规章——译者注）”自古有名，制定这个规章的根基还是公共道德。而现今农林水产品的生产科技含量高，众多的工程师参与其中。那么，曾经是经验型的农业技术社会，农业生产主体的自利倾向与社会公共道德的磨合所形成的智慧（农业生产者伦理）不论已经多么丰富，现今的农业工程师伦理都必须有新的扩展。

本章将从伦理的根据入手探究农业（包括林业、林产业，水产业，下同——译者注）工程师伦理的特征。

1. 农业生产的主体是农民而产生的特征

工业生产是通过拥有工程师和劳动者的企业来运营，经营主体是企业经营者，在其经营方针下，工程师开发和管理生产技术，劳动者则在工厂从事生产劳动。以往的工程师伦理，在这种分工的基础上，将与企业经营者的经营道德分离后的部分作为“工程师道德”，并进行了论述（因为劳动者是处于在经营者经营方针的基础上按照工程师的指示工作的立场，所以劳动者的道德并没有被特别地提起）。

然而农业生产是由农民（包括林农，下同——译者注）经营，农民既是经营者，又是工程师，还是劳动者。

因此，农民同时需要具备“农业经营者道德”和“农业工程师道德”，对社会而言更重要的是农业经营者道德。过去对农村中的公共事务往往制定村约进行规范，比如针对灌溉工程和道路的维持管理的共同出工规则、入会林（日本农村村民加入组织，按照世代相传的习惯，获得使用一定区域的木材薪炭的权利，并遵循使用规则。一定范围的林木就是入会林——译者注）利用规则等。现在的农业也有较多的区域公共事务，因此，农业经营者道德首先是区域社会成员的公共道德，其次是关于为国民提供粮食的社会责任即所谓神圣职责论的道德。这第二部分就是现在市场与消费者的关系中备受关注的以食品安全为代表的，与社会信赖相关的道德。

如果我们着眼于农民作为农业工程师的一面，农民在实践运用技术的劳动过程中，产生了技能上的创新努力。从这一点出发将农民看做第 1 章中所论述意义上的工程师（engineer）虽然不一定正确，但是，第一，农民技能上的创新努力，产生了具有科学合理性的普遍应用的技术，近代农学的发展过程中大学和农业研究机构促进了这一过程。第二，大学和农业研究机构的学术、教育、研究或农业生产资料生产企业等产业部门研究开发的成果，激发了农民的技能革新。第三，农民本身的知识水平提高，如农民在设施栽培的育种等方面自发地进行技术开发，其成果也直接与经营挂上了钩。如果考虑这些因素，农业与工业不同，大学、研究机构、农业生产资料生产企业中的工程师与农业经营中的工程师（农民作为农业工程师的一面）之间，并不只是产品生产和产品购买的关系，有时是技术课题的提出者和课题解决者的关系，有时是研究报告的发表者和利用者的关系，具有更强的一体性关系。

一方面，与工业的情况相同，在与农业生产相关的大学、研究机构从事教育、研究的工程师，处于行业技术水平的前沿，掌握着农业经营改革的方向。另一方面，运用农业技术的农民具有工程师的特性，并且社会要求其具备经营者的道德。可以说，与工业的情形相似，与农业相关的研究者和工程师，在与农民共同构成农业工程师伦理主体的同时，借助农民的伦理感知进行社会表达。这就是农业工程师伦理因农业生产的主体是农民而产生的特征。

2. 技术操作的对象是生物而产生的特征

不论哪种生物都置身于自然界的物质循环中。在这个物质循环中，高级捕食生物通过食物链吸收并消费植物由光合作用吸收的太阳能，形成能量流；这一过程中环境里的无机物合成植物体的有机物，高级捕食生物通过直接或间接食用植物形成自己的肌体；最终无论是植物还是高级捕食生物在死亡后，都会在土壤微生物的作用下还原成无机物，由此构成物质循环。这种关系，就是食物链中的金字塔。

作物和家畜都是生物，当然也在食物链金字塔中。但是包含作物和家畜在内的食物链金字塔中，并不是由生物学中所谓的生产者（植物）、初级消费者（草食动物）、次级消费者（肉食动物）、分解者（土壤微生物）形成的单纯的食物链金字塔，还包含了栽培、养育作物和家畜并将其作为食物的人类，形成如图 2.1 所示的结构。

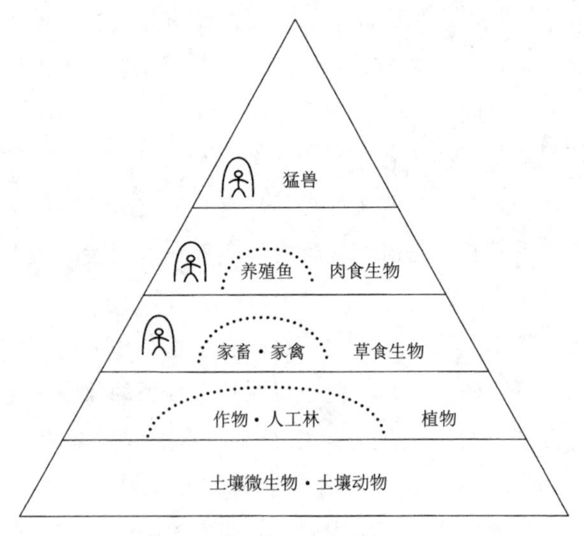

图 2.1　包含人类的食物链金字塔

—人类（受居所的保护）；—受人类的保护

作为杂食动物的人类，在金字塔的除最底层的土壤动物区系以外的所有阶层都起着作用。人类还把地球表面大半湿润肥沃的土地变成耕地或人工林，人类和家畜占所有陆地动物的重量比已经达到约80%。而且人类用房屋和枪炮保护自己免受高级捕食者的侵害（图

2.1)，作物和家畜也由于人类的栽培、养育免受高级捕食者的侵害。虽然图 2.1 确实是食物链金字塔，但人类和作物、家畜作为生物学上所指的食物链金字塔的要素处于不公平的状态，是变形的金字塔。但是，需要正视的是，这种变形的食物链金字塔，正是人口规模达 66 亿的人类生存的基础。

人类作为杂食动物，如果不从外界供给食物的话一天也不能生存。正因此，有了农业有了农村。这么看来，农业是栽培、养育作物和家畜等食物的人类的生产文明；农村可以说是经过文明改造的使这种生产能够持续的场所。这里不可忘却的是，人类将食物摄入体内，排泄物和食物的残渣返回外界，形成与自然之间的物质循环关系。相对于都市只是消费食物并丢弃废弃物，农村则生产食物，并将有机废弃物返回到自然。总之，农村是人类与自然之间的物质循环得以成立的场所。

农村中有生产食物的水田、旱地、牧草地、果树园，也有渠道、池塘、河流。还有湿地、草原、树林。人类与自然之间的物质循环关系，在这些场所得以实现。但是，显然，物质循环的场所并不是没有赋予人工劳动的原生自然，而是经过人类改造后的二次自然。自从约一万年前，人类开始有农耕以来，对自然进行长期改造、管理，形成了二次自然。现代农业就是在二次自然的农村中运营的。

农业正是倚仗二次自然，支撑着 66 亿人口生活的不公平的生态系统。换言之，在农业经营中人类与作物、家畜以外的其他所有生物，都是一种压迫与被压迫的关系。农业工程师们受到直面这个事实的伦理分寸的考验。这些考验具体地说，可以举出以下几点。

1）作物和家畜等农业生物，以某种形式成为区域生态环境的一环，作物和家畜的大量生产、饲养，使得依存于它们而生长的生物个体的数量增加。例如吃旱地谷物的蝗灾的爆发，牛的脑神经组织内增殖的变异阮蛋白等。爆发的蝗虫将旱地的谷物吃光后，就吃周边可吃的植物从而带来危害；疯牛病的异化阮蛋白，传播给吃了病牛肉的生物（包括人类），使这些生物致病而死。如此，一旦农业生物扰乱区域生态系统平衡，其危害常常从农业波及其他生物。因此勘察可能发生的灾害的性质和程度，采取妥当的技术以及判断是否继续生产等，从事农业生产的工程师们面临着伦理分寸的考验。

2）技术操作如果牵涉到基因，有可能对区域生态系统产生不可逆的变异。例如通过转基因强化了对除草剂耐受力的转基因大豆，栽培这种大豆地块的花粉传播到周边的地块并使其他大豆授粉后，这些地块也只能产出转基因大豆。有人认为增强大豆的能力没有问题，但也有意见认为大豆这一种植物的能力增强，其结果有可能造成区域生态系统的紊乱。大豆的除草剂耐性强化暂且不论，如果出现害虫耐性强化的话，或许意味着危险的现实性增大。对作物和家畜的遗传特性的介入可能改变农业的未来，在期待技术成熟的同时，也能充分考虑它的危险性，慎重进行技术选择并判断是否继续生产等，从事农业生产的工程师们面临着伦理分寸的考验。

3）使家畜的痛苦最小化的用心，也就是所谓动物福利（animal welfare），近年在以欧洲为中心的畜牧业人们对此进行了多样的探索。这与伊斯兰教的戒律有相通的内涵。伊斯兰教徒根据一定的规矩，只吃用锐利的刀快速地刺杀而得到的肉食品（清真肉）。从这个意义上说，动物福利或许是以肉食文化而生的人们，对家畜起码的一点慈悲心的表现。

然而，快速的屠宰也好，宰杀前尽可能不施加痛苦地饲养也好，对以各自固有的生态进化过来的动物们，无视它们的亲子之情，而只是作为人类的食物让它们降生，人们没有让它们感受作为动物的生的喜悦而宰杀了做肉食，这些行为也只能说是人类的自私。

人类是在进化的过程中成为杂食动物的，吃以草和果实为生的动物（包含昆虫和鱼类）是人类的本来特征。既如此，与无法从伦理的观点苛责捕食斑马的狮子一样，对于石器时代的人类捕食野生山羊和牛的行为也没必要有伦理上的苦恼。问题是，将山羊和牛作为家畜饲养成为食用肉的过程中赋予家畜的痛苦。在人类社会创造的畜牧业动物与人的关系中，作为加害者（饲养者）的人类体察对方（家畜）的痛苦，从内心感受其痛苦并产生内心冲突。换言之，有必要质疑起源于食用动物免于追责的工程师伦理。

3. 食物影响人类的生理特质而产生的特征

人类的生理特质是在地球环境中经过 30 多亿年的生物进化形成的，农业为人类生产食物，并重视食物与人类生理特质的适宜性。关于这一点的工程师伦理考量，与医学、医疗技术的伦理相通。具体来说，可以列举以下几点。

1）在粮食总是不足、栖息地不安定、冰河期又十分漫长的数百万年进化过程中，人类对甜味和油脂的强烈嗜好，是在人与栖息地可以找到的食物之间形成的人体遗传特质之一。在想要的东西任何时候都能得到的现在，对甜味和油脂的嗜好成为人们过量饮食和肥胖的主要原因。如果将农业的职责设定为为社会提供必要且充分的健康营养食品的话，人们希望控制迎合人类嗜好的低廉食品（好卖的食品）的开发和供给，这里就有对工程师伦理考量的要求。

2）近年来，人类经过数百万年进化形成的人体生理特质（对重金属和化合物的非防备性等）与化学物质（农药等）的不相宜性引发了深刻的问题。有必要提出从食物上防止让人体摄入生理上无法防备的物质（称其为有毒物）的相关伦理要求。

3）同样，通过转基因改良育种的农产品可能含有不适合人体生理的物质。有关于此的工程师伦理考量也不能忽视。

4. 农业生产在自然环境中进行而产生的特征

农村中人们缘于农耕或居住而利用的大地和水域，并不是原始的自然，而是通过人工改造的二次自然。人们对大地的改变和管理可以抵御来自大自然的威胁。在二次自然中，由于下功夫改变和管理自然，人们能够在作业环境良好、灾害及危险较少的场所培育作物与家畜；但作物和家畜并不能完全避免与大气、日照、气温、温度、降雨等自然因素以及与其他生物产生关系。

农村各地所见到的各种生物大多已适应了二次自然，并在那里生存、繁育。近年来农村生物数减少，有些场合产生了异常的变化而使得一些生物消失。原本生物就是在物理环境、化学环境以及与其他生物的相互关系中生存的。如果在生物的栖息地形成不恰当的物理环境、存在影响生物性命的化学物质等，生物就会消失。产业化社会中盛行对二次自然进行大规模的物理改变，在农业生产中投入微生物无法分解的化合物等，这不仅危及生物的生命，还使农村生态系统产生质的变化。

农业生产是在水循环和碳、氮等物质循环等自然机制的参与、支撑下进行的。农业生产受环境条件影响，但其本身对区域环境产生的影响也不能忽视。然而，水循环和物质循环并不仅仅支撑着农业生产中的作物和家畜，也支撑着人类和其他生物的生活。这使得农业工程师的伦理尺度经受考验。具体可以例举以下几点。

1）包菜的需求近年激增，缺货的年份增加了，而且由于日本夏季湿度较高，病虫害严重，弄不好包菜绝收的情况也是有的。包菜栽培虽然收益高，但在区域的土壤和气候不十分适合的情况下，对包菜生产进行奖励反而会导致歉收，要求从事农业经营指导的工程师要用伦理尺度来判断。

2）在自然环境下，作物栽培和家畜饲养的原本形态是依靠太阳的光与热；而在人工环境下，用化石能源代替太阳光、热的转换，这就要求农业生产的机械、设备制造厂家的工程师具有伦理上的考量。

3）为了提高农业机械的作业效率，将水田改造成大区划水田，在倾斜地块，灌排渠道与水田的落差就变得比较大，以渠道连接的水田与河流作为生活圈的水生昆虫和鱼类将失去栖息地。将灌排渠道管道化也会发生同样的问题。由此，改善农业生产条件的基础设施（水利工程、田块改造、农道）建设，将造成区域生态系统环境构造发生质的变化。从事这些建设的技术开发、设计工程师和执行项目的行政机关的工程师们，要用有关对区域生态系统造成影响的伦理规范进行判断。

4）大规模设施，例如扬程数十米的提水泵站，常常是化石能源高消费型设施。因此，初步设计时充分考虑设施的目的与能源消费量的平衡十分重要。农业基础设施建设，是受益农民承担一部分费用的公益性工程，行政机关对项目的强力推进有可能增加农民额外的负担。特别是，农业基础设施是作为公益性工程，政府投入了大量的财政资金，在初步设计阶段需要根据投入产出比对投资的合理性进行严格的论证。因此，从事农业基础设施建设的工程师就能源消耗的预判、农民负担的合理性以及财政资金的有效使用责任等问题，需要用其伦理尺度来判断。

5. 农业生产在开放环境下进行而产生的特征

相对于工业生产可以在封闭的环境（工厂）中进行，农业生产本质上是在开放的环境中进行的，农业技术的运用也以各种各样的形式影响环境。农业工程师们需要时时将此作为前提来进行伦理思考。

具体地说，可以举例如下：

（1）农业生产的相关技术有可能危及区域居民健康。例如以施用农药、肥料（包含家禽粪尿）为源头的硝态氮渗入地下水等，通过污染饮用水影响人类健康。

（2）农业生产相关技术有可能危及区域生物的生存，例如农药的泄漏。

（3）农业生产相关技术的运用往往打破区域生态系统的平衡。例如开垦造成的森林减少，人工造林（针叶林）而使天然林（阔叶林）减少，祸害作物的鹿或野猪或猴子等的栖息地的变化等。

（4）农业生产的相关技术使得区域资源遭到破坏。例如干旱地区不合理的灌溉使得地下水的盐分上升导致农田盐碱化甚至沙漠化；过度抽取地下水导致地下水位下降等。

（5）农业生产相关技术劣化了区域生态景观。例如在广大范围的农田内栽培单一品种的农作物，形成的单调景观（单作景观），以及休耕而形成的抛荒地等。

上述部分伦理尺度在工业生产中也同样涉及。但是农业生产的难处是，还没有不进行伦理考量也能平安无事的替代措施。

人类以作物和家禽家畜为食，将废弃物和食物残渣返回农田。如果这样的食物循环在某个共同体内完成并且可持续的话，那就是所谓的“自给”。自给也可以说是共同体成立的物质基础。自给的生活形态表现为：①栽培作为主食的谷物；②栽培作为副食品的作物和饲养家禽家畜；③利用有机肥料（落叶和野草，食物残渣、家禽家畜粪尿），使人类与外在的自然之间物质循环流动得以成立。在共同体中，损坏自给体系，将降低人类的抚养力，使成员减少，共同体之间也可能产生掠夺与互相残杀。共同体就像一个小宇宙。

然而，在生产了比共同体所需消费量更多的食物情况下，就有了剩余农产品；在有些食物由本共同体自己不能生产（包括香辛料等）的情况下，就产生了与其他共同体之间农产品的流通和交换。这样的农产品流通与交换古已有之。

更进一步地，伴随着生产力提高，农产品产量增加，市场发育，孕育出了商业（第三产业）。产业化的现代社会，市场已跨越国界，农产品在全球流通。自由买卖的现代市场，价格竞争激烈，在生产过剩的情况下，价格低廉的农产品对市场起支配作用，而相对短缺的时候，则价格暴涨，这是一个充满风暴的世界。

在市场经济的裹挟下分工越来越细化的现代农业，与以自给为主的时代不同，主要表现在：①单一品种的作物和家禽家畜的大量生产；②包括转基因在内的作物和家禽家畜品种的改良；③以市场买卖为前提的农产品的规格化；④农产品的大范围流通；⑤大范围流通农产品的品质保持；⑥生产、储存、保管过程中的能源与化合物的使用；⑦大范围流通带来的物质循环的变异等问题。

像这样复杂化、分工细化的社会中，由于每一位工程师在所限定权限内从事日常工作，工程师伦理是工程师遭遇到内心冲突才开始具体地进行讨论，在这种讨论中内心冲突以某种形式表象化之后就容易理解了。那么，“工业工程师伦理”与“农业工程师伦理”在哪些方面有哪些不同呢？近年来总算开始讨论农业工程师的伦理了，但似乎二者间的差异并不十分明了，在这里做个分析。

正如本章 1 中分析的“农民既是经营者，又是工程师，还是劳动者”，在 2～5 中论述的由于农业生产的特征，农民需要经营者伦理、工程师伦理、环境伦理、生命伦理、社会伦理的综合判断。农民和与此相关的试验场、大学、企业等研究者或工程师共有的“综合道德判断”，构成了农业工程师伦理。

工业工程师伦理中，主要是生产者与消费者的利害对立。相对于此，农业工程师伦理，在此之上，还持有对所有“生命”的责任以及环境与资源保护等对未来及后代的责任，显示了更为广阔的时空特征。对这种广阔性进行定量把握的话，可以浅显易懂地用图 2.2 的三角坐标（对社会经济的责任感、对“生命”的责任感、对子孙后代的责任感）来说明。三角坐标是一种用于显示由三种要素构成的事物，其各要素构成比例的坐标。图 2.2 中的“●”符号表示的坐标点所代表的伦理冲突事例，对社会经济的责任感为 20%，对“生命”的责任感为 55%，对后代的责任感为 25%（合计 100%）。在这个三角坐标中，靠近顶点附近是图 1.2 中说明的“扩张伦理问题”，左下顶点附近是“工业工程师伦理问题”，“农业工程师伦理”则有可能覆盖这个三角坐标的全范围（事例不同则位置相异），通过各个事物的坐标位置可以判断其伦理冲突的特征。

不过，在对三角坐标的“责任感”进行精确的定量化上费时费力，是件愚蠢的事。不如对各个冲突中所具有的三种伦理要素进行定性化讨论，对其内容进行深入思考才是重要的。

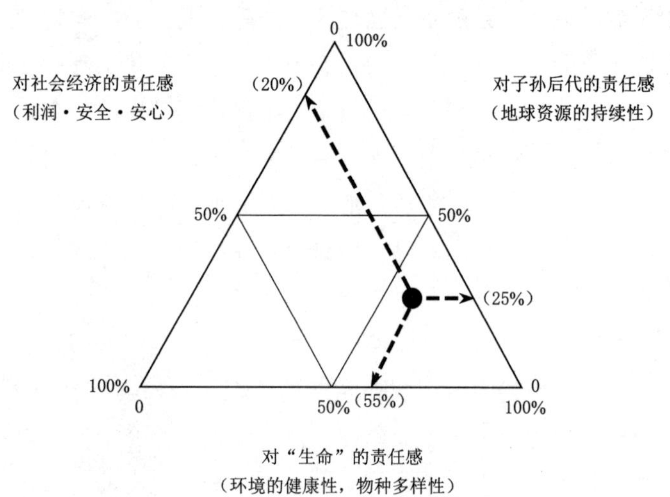

图 2.2　成为伦理冲突起因的伦理责任感特征框架

（富田正彦　水谷正一）

第3章

生命伦理、环境伦理和工程师伦理

工程师伦理是本书的主题，但由于科技的发展，人类活动深度涉及环境和生命系统，作为伦理的另一个切入点，生命伦理和环境伦理成为人们关注的热点。本章将论述其与农业工程师伦理之间的关系。

1. 什么是生命伦理、环境伦理

生命伦理（bioethics）的概念首次出现于波特的《生命伦理学——通向未来的桥梁》（1971）。在对科技发展的副作用破坏地球环境、毁灭生态的担忧日益加深的背景下，针对科学技术会对包括人类在内的生命系统造成什么影响，以及如何控制科学技术的副作用，这本著作发出了追问我们伦理责任的宣言。波特在他的著作中，把生命伦理和环境伦理作为一个整体来论述。

20世纪70年代开始，在以分子生物学为中心的科技革命浪潮下，许多新兴的科学技术被广泛应用到医学和医疗领域，由此出现了各种各样的问题和争论，侧重于“医学伦理”的“生命伦理”概念得到普及。与生命伦理相关的如知情和同意、死亡的自决权和拒绝输血、ES细胞和克隆、人工流产、人工授精、冷冻精子、男女性别选择、胎儿性别鉴定和选择性流产、代理妊娠、脏器移植和脏器买卖、脑死亡判定、安乐死、有尊严的死、遗传病的转基因治疗等，对人类的生命进行人为介入的有关技术的妥当性的讨论，仍然是热门的话题。

而环境伦理，是针对波特的生命伦理中“医学伦理”未涉及的部分，即关于人类对人类以外的生命进行人为介入或者破坏的现象，开始讨论判断其是非的伦理标准。环境伦理最极端的内容，是所谓的“深生态学”论。1973年挪威的哲学家阿恩·纳斯提出，所有生命并不是为了人类的利益而存在，它们和人类一样拥有生命的固有价值，因此人类不应侵害其他生命的固有价值。继而论述了环境保护中，个人对深生态学的终极自觉和觉醒是重要的。作为深生态学运动的纲领（基本协议事项），1984年提出的原则内容包括以下八项：①固有的价值；②相互依存；③维持丰富性和多样性；④人类行为；⑤人口；⑥政治；⑦价值观；⑧开展深生态学运动。简而言之，为了将破坏上述①、②、③原则的人类行为限制在容许范围内，必须大幅度减少人口，并引导人们的价值观念和社会政治方向。引导约束人们实现这些目标的行为规范就是支撑深生态学理论的环境伦理。在上述①、②、③原则大致没有受到破坏的石器时代末期（进入农耕社会之前），世界人口不超过30万人，因此，这个环境伦理对现在已有66亿人口的地球来说只能是令人目眩的严苛要求。近些年，把人类以外的生物作为“自然”，关注人类和自然之间的关系，以及以自然为媒介的人和人之间关系的“人类和自然共生”理论，不仅在学术界甚至在市民运动中也开始备受瞩目。但是，为了实现这种“共生”，人们目前采取的行动，也仅是把垃圾带回家，不把炸“天妇罗”的油倒入下水道等细小的活动，从“自然和人类共生”理论发展新的环境伦理的行动并不充分。

加上如上所述与生物有关的内容，将视野扩大到地球环境整体，为了维持地球上空气和水循环的良好状态，人们的行为规范，打比方可称之为地球号宇宙飞船的操纵手册，就是环境伦理。为了减少引起全球气候变暖的二氧化碳排放就要减少化石燃料的消费。由此，接受多步行、少用车、少用空调和穿便装上班克服暑热等倡议，都是缘于人们的伦理觉悟。为避免建设不合理的水坝而节约用水等自我约束也是一样。

在环境伦理中，还有关于与地球资源保护相关的对发展中国家和未来及后代的责任论。化石燃料和稀有金属等有限资源被发达国家为了过优越的生活而消费殆尽的话，发展中国家就失去了利用新资源的可能性；或者这一代人消费殆尽，儿子孙子以及未来的人们也失去了利用新资源的可能性。为了避免产生诸如此类的不公平，对地球资源进行明智的保护性使用的规范也是环境伦理的重要内容。

最后，1972 年在斯德哥尔摩召开的联合国人类环境会议上，为了保护人类环境和提高其质量，制定了激励和引导全世界的共识和原则，通过了由 7 项共识和 26 项原则组成的《人类环境宣言》。由于篇幅所限，这里不详细罗列，但是，从期待人们能以此为鉴约束自己的行动这个意义上，可以说这也是一个综合性的环境伦理规范。

2. 生命伦理与农业工程师伦理

农业的生产对象是生物，其生产的产品作为人类的食物。因此农业工程师伦理注定与生命伦理深度相关。以下，就农业中有关的具体技术来分析。

关于转基因操作

在本书第 2 章第 2 条中从伦理规范的角度对转基因技术做了论述。因为（人类）摄取转基因作物有可能对人体造成不可预知的危害的担忧还未消除，这项技术具有生命伦理的问题属性。在此情况下，是否把这项技术实用化，正是一个农业工程师伦理的问题。而且，毫无疑问转基因操作的水平将不断提高，并通过每一种作物影响到家畜。因此，对有关技术工作提出了更加严峻的技术伦理的追问。但是，发展转基因技术，存在能够提高世界粮食安全水平和效率的潜在可能性。也许对于在拥有66亿人口和有限的地球环境资源之间保持良好和谐状态而言，这是一个巨大的技术革命。但是，转基因的是非得失只能通过多方面且充分的实验研究来判断。这提示着对安全性给予充分考虑的基础上允许实验研究，所谓“有限生命伦理观”是必要的。

关于疯牛病（BSE）问题

食用牛的整体BSE检查在日本是法定的。但在美国并非如此，所以从美国进口的肉食品里混有危险成分，因此停止进口美国肉食品造成的混乱我们还记忆犹新。感染BSE的牛脑神经组织产生了被称为阮蛋白的异常蛋白质，人在摄取之后也会发病致死。从这个意义上来说摄食有关发病牛肉的问题是生命伦理问题。但起因于阮蛋白的BSE原本是英国局部地区的地方病，然而通过喂食牛骨粉饲料而传染扩散到世界各地。因此，家畜饲料技术的发展方向也是农业工程师伦理的相关问题。

关于克隆技术

1996年克隆羊多莉在苏格兰诞生标志着人类实现了动物克隆，不久牛和马等各种动物的克隆也实现了。通过优秀个体的克隆，畜牧业革新也开始进入人们的视野。但是家畜和人都是哺乳类动物。由于在家畜中研制成功的技术最终在人类身上也有可能实现，克隆人的是与非从生命伦理的观点引起了深刻的争论。而开了克隆这个头的人是畜牧业工程师，从农业工程师伦理的观点出发我们应该怎么自处呢？

关于人类基因组研究（也有人类以外的）

2003年日本在国际合作的基础上完成了人类基因组的分析。2004年日本完成了水稻基因组的解读。基因组指令仅仅对应蛋白质的生成，还无法解释由蛋白质形成的人和水稻的生物构造和机能。但是，在基因水平开始对这些问题进行研究是划时代的事情。由此出现了在 DNA 水平操作进行基因病的治疗、优生和育种、各种各样新药的开发等的可能性。然而，这种人为介入神秘的生命过程的是与非，正是生命伦理所要探究的。与医疗和农业相关的工程师如何应对这样的事态，正是工程师伦理所要解决的问题。

关于人类胚胎干细胞（ES 细胞）的研究（人类以外的也有）

正在锐意研究中的这项技术，严格来说属于克隆技术范畴，但不是克隆个体，而是通过胚胎干细胞（ES 细胞）的生长来生成个体的一部分组织或脏器。如果这项技术实用化，就能够得到替换烧伤疤痕的皮肤或病变脏器的备件，给医疗技术带来划时代的新发展。但是，这项技术也具有和前项克隆技术同样性质的伦理问题。这项技术是否也能应用于家畜，是否是农业工程师伦理所要解决的问题，还交织着费用效果比的问题，现在都还没有定论。

关于脏器移植（人移植到人，动物移植到人）

由于等待脏器移植而去美国的人增加，日本在 1997 年制定了《脏器移植相关法律》。由于日本对脑死的判定标准严格，以及对脏器提供的忌讳，实施病例数量并没有大的增长，而另一方面，期待脏器移植而去美国的人增加了。美国或发展中国家有很多人体脏器的地下买卖，也包括贫富悬殊产生的人体的商品化，这些都拷问着生命伦理规范。对此事进行延伸思考，更加深刻的问题是为了脏器移植而可能去杀人的担忧。作为回避这些问题的手段，人们正在寻求从猪或猴子等动物移植脏器给人的可能性。这种场合下，难道就不需要考虑与动物性命相关的生命伦理吗，与此相关的工程师难道没有经受伦理的拷问吗？

关于安乐死

由于人类寿命的延长，人生末期在老年痴呆或植物人等悲惨的状态下度过的老人急剧增加。2006年夏末有一位患晚期癌症的作家（75岁）自行将人工呼吸机的插管拔掉后过世，因此人们都说临终一定是非常痛苦的吧。在这种情况下，人们正在摸索用药物安乐死的制度化。但是如果稍有差池，将有可能招致伪装成本人意志的杀人事件，生命伦理将面临尖锐的质问。对于所有生物都不可避免的“死”一定要伴随着痛苦吗？安乐地死去是可行的方法吗？这不仅仅是对于人类，对于家畜也是共同的。动物福利（animal welfare）也是农业工程师伦理的内容之一。

关于食品添加剂

现今的加工食品中添加了各种添加剂，如色素、防腐剂、甜味剂、鲜味剂、物理调整剂等。生物为防御外敌，其肌体具备了各种各样的机制，其中也有化学机制，也就是天然有毒物。暂且不说乌贼或河豚的内脏等，在普通的食用生物中或多或少含有这样的物质，所以并不是天然食品就一定安全，其毒性在人类的经验中被确认是在安全范围内的才作为食物。食品添加剂是通过安全性试验之后由《食品卫生法》来指定的。但是，不管如何严格的试验，由于时间、费用的限制也难免是有限试验，进入市场后因为发生了消费者健康危害事件而查明的食物毒性并不少见。可以说毒性试验延续到食品进入市场以后的阶段。而且，新的添加剂开发十分盛行，据说存在很多不等法律指定就使用的情况。人体摄入的人工化学物质的安全性在上市前要预见到什么程度，是考验医药和食品工程师的伦理问题。

关于农药

农产品的农药残留对人体也会产生危害。日本虽然近些年由于对农药毒性与残留的严格限制，农药侵入作物可食用部分并残留在食物中的可能性大大降低，但是生吃蔬菜或水果表面的农药残留，散布在牧草表面、被家畜摄取蓄积在牛奶或畜肉中的农药残留还是会进入人体。如何管理农药残留的迁移途径，把对人体的影响减少到最低程度是农业工程师伦理的课题。

关于肥肝生产

法国菜的食材肥肝，是通过强制喂食鸭子让其多余的脂肪沉积在肝脏的鸭脂肪肝，被认为是世界珍馐之一。与让皮下脂肪强制肥厚的北京烤鸭一样，人们在养肥鸭子的过程中，完全不考虑被用填灌机持续往嘴里填灌饲料的鸭子的痛苦。生命伦理并不仅限于人类，人类在让家畜（禽）畸形发育的过程中使家畜受苦的是非判断也是生命伦理的课题。使家畜的痛苦最小化的用心就是动物福利。从这个角度来看，要求有关工程师要用工程师伦理来判断。

关于笼养鸡

散养的鸡把小路上的草或昆虫和地面的砂一起吃后，用肌胃（砂囊）磨碎。但是现在的大规模蛋鸡和肉鸡饲养中由于很容易实现精确管理，一般是在多层铁丝笼中各放一只进行饲养。这种饲养方式因为违背了鸡的生理生态，使得鸡无法忍受而产生挫败感进而经常发生自伤事故。为了防止其自伤，人们把鸡嘴或鸡爪的前端剪掉。对被强迫关在这样的空间里生活的鸡的痛苦的体谅也是动物福利的问题，从这个角度来看，要求有关工程师要用工程师伦理来判断。

禽流感问题等农业中需要用生命伦理来判断的其他课题还有许多。如上所述，很明显农业受到来自生产对象和消费者两方面的生命伦理的追问。但是，农业产出的结果是夺取作物和家畜的生命，用来支撑人类的生存，这是它的宿命。从这一点来说，农业工程师伦理有别于人类社会的伦理，是一种“有限生命伦理”即既要讲动物福利，最终又要剥夺动物的生命用来食用。

3. 环境伦理与农业工程师伦理

农业劳动的对象——作物和家畜就是环境要素，另外，因为农业生产是在区域环境中进行的，所以农业工程师伦理和环境伦理必然有着深度相关。以下，就农业、农学中有关具体技术来说明。

关于使用农药

1950 年前后，盛行使用滴滴涕（DDT）或六六六（BHC）或对硫磷等剧毒农药。农药造成的危害广泛地波及到区域生物。1960 年出版的《寂静的春天》一书中，作者蕾切尔·卡逊针对春天来了空中没有鸟鸣声的寂寥的春天，对导致这一结果的农业状态给予尖锐的批评，这在日本也引发了巨大的争论。之后，剧毒农药依次从已登记农药中删除，现在销售的多达几千种的农药都是经过筛选，只要使用方法（适当的农药选择和散布的时间与量）正确，毒性极小。但即使毒性小，农村散布地区的人或有益生物以及其他生物都暴露于农药之下。长达 50 多年农药的使用，青鳉鱼、萤火虫、蜻蜓急剧减少，农村的昆虫和小动物也都急剧减少。如何通过明智地使用农药来改变这种状态，是农业工程师伦理在农村环境伦理中的主要课题之一。

必须承认 20 世纪 40 年代以来，由于农药的出现，世界粮食产量有了突飞猛进的增长，世界人口增加了 3 倍，为了 66 亿人口的生存，当前全面废除使用农药是不可能的。因此，在满足人类需求的食物生产中，因最低限度的农药使用所造成的若干生态系统的退化，或许是包括人类在内的生命整体的进化过程中的一个现象，既非使用农药的本意，也要暂时接受，这暗示着“有限环境伦理”的观念是有必要的。

关于加温的温室大棚

食品所含的热量与生产食品需要消耗的热量比被称为能量的产出

投入比。在靠牛马耕作的时代，稻作的这个比值稍大于 2。即相对于种大米所投入的所有能量，收获的大米含有其 2 倍以上的能量。但是现今日本的稻作，这个比值下降到了 0.1 左右。这是因为农业机械消耗燃料和制造化肥等使用了能量。而且，对于冬天采摘的温室西红柿，这个值是 0.013，对于温室加温种植的葡萄，该值下降到了 0.011。由于西红柿和葡萄不是以摄取热量为目的种植，而是以获取其味觉和维生素为目的，仅仅对这个值进行评价不一定恰当，尽管如此这个比值还是异常低的。原因是温室的加温需要消费石油。虽然农业所消费的能源占社会整体消费不到 4%左右，或许不是很大的问题。但是，在要求保护性使用石油这一有限资源的时代，对于还要决定在冬天生产生鲜西红柿的工程师，其环境伦理观面临着拷问。

从化石能源的视点看机械化农业

和前项一样，过去依靠人畜劳力的农作业被农业机械取代，劳动生产力有了飞跃的提高。其结果，过去靠地区资源支撑的具有可持续农业，变为依赖于有限石油资源的不可持续农业。在有限的地球资源保护性利用的环境伦理中，这也对农业工程师伦理提出了拷问。

关于食物里程

在以区域资源为基础的可持续农业支撑着社会的时代，人们的食物是当地农业的产物，按今天的说法就是地产地销，是通常的形态。但是，现在的日本，作为面类或面包原料的小麦，豆腐、豆瓣酱、酱油或食用油的原料大豆，还有畜牧业饲料的玉米都几乎依赖于从北美或澳大利亚进口。而且，加工鸡肉从泰国大量进口，新鲜蔬菜从中国大量进口。单位重量的食物乘以从生产地到消费地的运输距离的乘积称为食物里程，今天日本消费食物的食物里程已经是地产地销时代的几千倍。这是通过用石油驱动的大型货轮和货机进行远距离运输的结果。但是，从提倡有限资源保护性利用的环境伦理来看，食物里程增大的农业，对农业工程师伦理提出了拷问。

关于有机农业

在寻求食品安全的社会趋势下，不使用化学肥料和农药的有机农业得到推广。包装上印有生产者照片的农产品从产地直接到消费者手里的“产地直销”模式也由于快递的普及而快速发展。不仅生产的农作物的安全性得到提高，在有机农业的农田里，蚯蚓等土壤动物增加，土壤微生物也变得多样。丰富的土壤微生物相是健全的生态体系的基础，所以是件好事。但是，有机农业为了提高土壤的肥力，不仅堆肥需要劳力，对付杂草和害虫等也需要劳力，产量也容易变得不稳定。因此，可以想象，按现状66亿人口的粮食需求，仅仅以这种形式来供应粮食是极其困难的。有机农业是环保的，换而言之，实现环境伦理是无可置疑的，但是，农业要实现农户的福利，又要满足社会的粮食需求，农业工程师伦理要完全满足环境伦理的要求毕竟是有困难的。

关于基因组研究

这个问题在讨论环境伦理与生命伦理之间的关系时已经触及，为了实现某些利益的DNA操作，与对象是人的医学不同，在对象是家畜或农作物或有害生物的情况下，人们的排斥反应相对较小。但是，DNA操作除了实现利益之外，还隐藏着在对象生物中引发不可预测的变异风险，使这种生物在食物链上的位置发生变化，进而扰乱地区生态系统的可能性。暂且不论维持生态系统现状是否为环境伦理的大前提，就以追求农业利益为起因扰乱生态系统，对农业工程师伦理也是一个拷问。

关于抗生素等饲料添加物

现今的家畜饲料中添加了各种各样的物质，比如为防止饲料品质劣化的抗氧化剂、防霉剂、抗黏结剂，为补充有效成分的氨基酸、维生素、矿物质，为促进营养成分有效利用的合成抗生素、抗菌药物、香料、调味料、益生菌等。这些添加剂除了对家畜的安全构成威胁之外，通过饲料和粪便渗透到环境中，对周围土壤和水体中的其他生物也会造成影响。其结果有可能产生不可预测的地区生态系统变异，由此产生的环境问题备受关注。饲料添加剂是提高家畜饲养效率不可缺少的技术，与此同时，也是拷问将视野扩展到环境伦理的工程师伦理的课题。

关于三面混凝土衬砌的水渠

在水田周围的水渠里栖息着的各种生物，如泥鳅和青鳉鱼，田螺和青蛙，萤火虫和蜻蜓等，形成日本淡水生物群落的突出特征。这些生物群落 2000 多年以来，在水田中持续生存下来。但是，最近这几十年来在农田基本建设中，将很多农用水渠进行三面混凝土衬砌，受此影响，这些生物群落急剧减少。从为了日本珍贵的水生生物群落免于破坏的环境伦理意识出发，市民们踊跃开展水生生物保护活动，与此相呼应甚至出现了将三面衬砌混凝土水渠还原为土渠的地方。但是，土渠边坡的除草和疏浚等维护管理需要劳力，农业经营集中到少数大规模农户那里的话，维护管理就会越来越困难。对于水田农业，灌排渠道是不可或缺的基础设施，也是日本固有的珍贵的水生生物的栖息地，两者的关系如何兼顾，是农业工程师伦理需要权衡的问题。

关于生态景观和文化景观

这几十年来的农田整治主要是为了适应农业机械化，为了提高农业机械的行走效率，农田的区划划分呈长方形化、大片化，田园风景从平稳的曲线基调变成了直线基调。过去的木造茅草屋顶为主流的拥有宽敞作坊（庭院）的农家住宅，也因为稻谷的干燥加工外包给农业协会等，渐渐被改建成和城市郊外住宅没有区别的建筑。再加上，因为高速经济增长席卷全国，工厂和流通设施，非农业住宅等也进驻农村。结果，农村地区的生态景观和文化景观完全变成五花八门的事物无秩序地混杂在一起，失去了美感。这与德国和英国的农村现代化有显著不同。农村文化景观包含生态景观，也即农村风景是地区环境要素应有模样的综合表现，缺乏美感的农村是与每个环境要素相关的人们在参与建设时没有审美意识的结果。因为如何与环境要素相处取决于人们的环境伦理状态。而农村文化景观蜕变成今天这样，政府机关的工程师要负一部分责任。这要求肩负着未来责任的工程师用工程师伦理来思考。

其他还有土壤改良技术和畜牧业废弃物的问题等。进一步放眼世界的话，因开发养虾池塘造成红树林破坏，亚马逊热带雨林的农田开垦，因农业灌溉的开发造成咸海缩小和黄河断流，因中心支点灌溉（center pivot irrigation）造成美国大平原（The Great Plain）的深层地下水枯竭等问题，农业中有很多需要用环境伦理来判断的课题。农业的本质是把一些生物作为人类的食物从环境中生产出来，把废物排到环境中去。由于这种行为支撑着人类社会的生存，农业工程师伦理的基础中应该有“有限环境伦理”这一部分。

4. 农业工程师伦理的发展方向

生命伦理和环境伦理的思维方式，随着农业工程师伦理研究的发展而改变。可以从以下几个方面来考虑，但由于此部分内容和本书是不同的主题，故不再详细讨论，仅罗列概要。

首先，在发达国家和发展中国家之间，发展中国家以各种方式轻易地引进先进国家开发的农业技术，在眼前的食物状况改善后，人口急剧增加导致贫困和环境恶化，这一过程引人深思。

其次，在全球化浪潮中，产生了统一的快餐饮食文化及其支撑技术，但是反其道而行之的慢食运动的出现，要求对地产地销等“生命”和环境之间的食物生产技术的应有状态给予重新认识。

另外，在以建设循环型社会为目标的背景下，安定的物质循环能保证生物和环境能够可持续地维持下去，其循环运作的基础取决于采用的农业技术，这一点已渐渐地得到再认识。生命和环境受农业技术影响的状况下，农业工程师伦理就变得十分重要。

进一步地，放眼后石油文明时代，由化石燃料所支撑的富足生活要在石油枯竭后也能够继续维持的话，必须利用世上唯一的取之不尽的太阳能，基于光合作用的太阳能利用，使我们不断地对农业进行再认识。农业技术如何影响生命和环境的应有状态，将促使我们重新认识围绕着生命、环境和技术的各种伦理。

应该还有其他方面。但不管怎样，农业从环境中生产维持生命的粮食（食物），农业工程师伦理，只有在把生命和环境放入视野的自问自答中才能觉悟到。也可以说是中间总结，如到前一节为止所讨论过的，农业工程师伦理的基础中包括“有限生命伦理”和“有限环境伦理”。

但是重新思考一下，不得不把生命和环境放入视野进行自问自答的不仅仅是农业，还有医学和工学，经济学和法学也是同样。这是因为这些学科和有关技术通过生命和能量、物质的相互作用，使人类和社会与环境胶结在一起，为了抱着对这种“胶结技术”的信心开展工作，“有限生命伦理”和“有限环境伦理”是工程师伦理必要的理论基础。

为了度过处于生命和环境危机胁迫下的21世纪，通过以哲学家为首的各学科人士之间跨学科的共同工作，尽力丰富“有限生命伦理”和“有限环境伦理”的具体内容，并将其渗透到人们的思想中，是一个重要课题。

（富田正彦）

第 4 章
欧美农业工程师伦理的现状和新动向

1. 有关动物福利的工程师伦理

前言

近年来，欧美的动物福利团体会员急剧增加，与此同时话语权也不断加强，对动物实验、动物园、宠物、畜牧业等的原有状态产生各种各样的影响。欧盟的公共农业政策中的畜牧业政策里也新增了基于动物福利（animal welfare）思想的措施。

日本是从农耕民族发展过来的，而欧美则拥有畜牧民族的历史。日本人对产生于欧美的动物福利精神，不可否认有难以理解的方面。但是，日本也成立了动物保护团体，逐渐地（例如在动物实验和宠物领域）采用了基于动物福利的措施。成熟社会的到来，饲养宠物的人有增无减，与此同时虐待或遗弃动物等问题也大量发生，这是无法回避的。和宠物相比，动物福利思想在农用畜牧动物（家畜，farm animal）领域大家还比较陌生，但是自从日本也出现了疯牛病后，开始受到关注。这里就工程师伦理中与其相关的内容进行分析。

动物福利的历史（不断变化的动物福利思想）

欧洲动物福利运动兴起、动物福利团体出现始于 19 世纪后半叶。

1911 年，英国首次制定了以减少动物痛苦和防止虐待动物为目的的《动物福利法》。之后，在德国等其他欧洲各国也制定了同样的法律，但是一直到 20 世纪 60 年代为止，几乎未见相应的法律修订。因为那时人们认为主要问题是防止虐待宠物和减少动物痛苦。

但是到了 20 世纪 70 年代，开始大幅修订《动物福利法》，之前几乎没有涉及的有关农用畜牧动物福利的内容也出现了。

动物福利运动是在道德、伦理、哲学、习惯、文化、宗教、经济、政治等各方面复杂的相互交错的社会背景下发展起来的。因此，对动物福利的认识，不同的国家当然不同。不仅如此，每个人也是千差万别，而且是随着历史的变迁而变化的，其认识和概念也不是一成不变的。

只是 20 世纪 70 年代以后的欧洲，人们对于动物的认识，也就是关于动物福利的思想发生了巨大变化。从之前的所谓“对于人来说的动物”这种以人类为中心的认识，改变为人类和动物都是神的创造物，是拥有情感的存在（sentient being）。因此，动物和人类拥有同样的权利，这种强调“动物权利”或“动物自由”的思想占了主导地位。

作为能够类推这种变化的浅显的例子，来介绍一下旭山动物园园长小菅正夫先生题为《生活的本来面目》的散文[1] 的一部分。

KIBO 是旭山 9 头大猩猩的首领，年轻的时候，可能因为被我用吹箭注射过好几次，每次看到我的时候都会朝我吐口水，扔东西。如果 KIBO 吵闹的话，通常整群猩猩都会疯狂起来。

但是，试着把他们搬到能自由地从地面攀爬奔跑到 16m 高的地方的新设施“大猩猩的森林”之后，情况让我大吃一惊。全部的大猩猩见到我的时候，都是很温和的眼神。（中略）为了试探，我试着装腔作势瞪着眼对 KIBO 进行挑衅，但是，KIBO 向我靠近，透过玻璃一直盯着我的眼睛，像是在说“你在干什么傻事”一样，把下唇突出来。

从四角形牢笼到立体开放空间生活，环境改变了。爬树，仰望蓝天，在土地上奔跑这种大猩猩原有的生活，把他们还原成自然状态的温和的生物。

我到现在为止的34年间，好像误解了大猩猩这种动物。

四角形的牢笼是根据人的需求（人类中心主义）做成的东西，立体开放空间可以认为是承认了大猩猩的权利（尊严）。

农业畜牧动物福利的内容

从20世纪70年代开始出现的对农业畜牧动物福利的关心，自20世纪80年代后半期开始，到90年代更进一步高涨，欧盟在公共农业政策改革中，陆续出台采纳了动物福利思想的措施[2]。

其中，具有重大意义的事件是1997年5月通过的被称为欧盟宪法的《阿姆斯特丹条约》中，把关于动物福利的议定书作为条约的附属文件。文件明确写有“家畜不仅仅是畜产品，是拥有情感的存在”的内容，作为与之前对动物福利的不同认识得到市民的认可。

其背景是基于这样的反省，即过度地追求收益性，农业畜牧动物在密集型生产条件下，变成了经济工具。不考虑动物的生理和行动习性的工业型畜牧业，使得猪霍乱和口蹄病频繁发生，受到欧洲市民的强烈批评。之后，疯牛病的冲击起了决定性作用。

追求经济上低成本的密集型大规模畜牧业，带来了环境污染、对食物安全乃至人类健康的威胁、就业的减少、无视动物福利等种种负面影响，陷入总体上产生了巨大社会性成本的悖论。而且伴随着欧盟扩大，越来越长途化的家畜运输，有时运输时长长达40小时以上，带来了传播疾病的危险。例如在英国国内仅仅消灭口蹄病就需要花费300亿美元到600亿美元的成本。疯牛病等疾病发生时，仅仅为了预防其发生，其社会成本也非常庞大。因此人们反省，密集型大规模畜牧业所谓的低成本＝低单价，其实并没有真正考虑所有成本。

由此，有必要控制向密集型大规模畜牧业的政策倾斜，重新制定有机畜牧业规则等，以强化之前的保护标准的形式对《动物福利法》

进行重新审核，做了修订。

其主要内容是为了不给家畜精神压力和痛苦：①对作为工业化的畜牧业发展起来的养鸡和养猪的饲养形态进行根本性改善；②对活体的远距离运输照料条件的改善；③维护家畜尊严的饲养。具体的例子，如禁止在无窗鸡舍用多层式笼饲养蛋鸡和鼓励改良型鸡笼[3]，禁止怀孕母猪的拴养，禁止牛舍、猪舍采用格子状形式的镂空地板，对家畜的长途运送中喂料、给水、休息、装载密度等进行重新审定，禁止使用促生长激素，禁止阉割手术、断尾、断嘴、去角、火烙，在屠宰时规定必须用不痛苦的屠宰方法的动物保护适用范围的扩大等。

动物伦理教育

近年来，欧洲以动物福利团体为中心开展有关动物伦理的教育普及活动盛行起来，这是提高农业畜牧业动物伦理意识的一个方面。

如前所述，关于动物福利的伦理，因人而异，千差万别。因为伦理观是道德、伦理、哲学、习惯、文化、宗教、经济、政治等各方面复杂的相互交错的结果，不能用单纯的尺度来衡量。尽管如此，通过用共同的伦理原则来判断，能够分别对各个伦理观进行一定程度的评价。英国正在尝试使用如表4.1所示的伦理矩阵来进行实践性的伦理教育。

表4.1　　伦理矩阵

	福利（well-bing）	选择（choice）	公正（fairness）
农业生产者	收入，劳动条件的满足	自由的经营	自由的交易
消费者	安全性，品质	选择的自由，民主主义	购买的容易性
家畜	动物福利	行动的自由	固有的价值
环境	环境保护	生物多样性	持续性

注　本表引自 *ETHICS and ANIMAL FARMING*，A Web-based interactive exercise for students using The Ethical Matrix Compassion in World Farming Trust，2003，p5.

这个矩阵根据福利、选择、公正这3个明确的原则，从农业生产者、消费者、家畜、环境这些角度出发，对伦理进行综合判断。福利、选择以及公正的概念一般有下面这些：

将福利作为伦理的重要原则来看待，意味着考虑到他人的福利。也就是，需要保护他人在肉体上和精神上的健全，避免其暴露于有可能受影响的危险之中。这项原则，例如，从病痛、危险、贫困中解脱这一点是适用于人类的，对有可能受到迫害的动物，还有对有可能受到污染的环境也是适用的。

选择的原则就是关于是否能够按照我们的倾向来自由行动。比如说，和持有不同伦理观的小组不能够自由交往，各自的宗教行为互不认可的话，这个选择的原则将崩溃。对于动物来说，在笼子里饲养，被拴着饲养，无法按照生命的本能进行行动的话，这就是受到了侵犯。保障各种各样的植物和动物在生态系统中相互自然地影响融合，只有在兼顾生物多样性的场合才有可能。总之动物在多大程度上可以进行生态选择，取决于生物多样性。

公正的原则，对于人类这一点很好理解，例如，是出生在有钱人家还是出生在穷人家，是受过教育还是没受过教育这样的问题。对于动物，如果不被看作是有情感的存在，仅仅作为畜牧业品来利用的话，是不公正的。还有，关于环境（包括现在以及未来的所有动植物和人类），如果持续的健康的状态濒临于危险时，可以说这就是不公正。

对于农业生产者和消费者，与人类行为的影响力和责任两个方面相关联，而对于圈养的家畜和环境，只与人类行为的影响力相关联。

关于表4.1再进一步说明如下。

对于农业生产者，福利就是收入和劳动条件的满足度；选择就是在经营的决策过程中技能和判断是否能够自由发挥；公正就是能够享受公平的价格，在国际贸易法中没有受到不公平对待。

作为消费者，福利就是食品的安全性和品质有保障；选择就是在选择食品时是否有适当的标识和充分的知识来选择好的食品，以及是否想要转基因食品的决定得到人们允许的民主主义的选择；公正就是适当地供应充足的食品，不会有谁因为贫困而无法购买充足的食物之事态发生。

对于家畜来说，福利就是能够避免痛苦，促进健康避免危险；选择就是不要永远被放在笼子里饲养，具有满足一定程度的能够按照本能活动的条件；公正就是不被作为物品而是有情感的生物来对待。

对于环境，福利就是防止污染，在污染发生时以复原环境并保护为目的；选择就是保持动植物的多样性、保护稀少物种；公正就是维护土和水这类性命攸关的资源，包括负责地使用像化石燃料等不可再生资源和木材等可再生资源，另外也意味着要消减温室效应气体。

基于以上原则，以对养猪方式进行伦理评价为例（图 4.1），对有机畜牧业方式和资本密集型农业进行伦理评价对比，按图 4.1 中的接受程度打分，对此进行统计之后，能够判断各养猪方式的伦理评价结果。

成为政治工具的动物福利

毕竟，许多实际的伦理问题就是如下面这样的评价问题，如自己的利益要比别人的利益优先多少，本国利益要比他国利益优先多少，或者，人类的利益要比动物的利益优先多少。现实中，关于与他国利益的例子，欧盟在世界贸易组织（WTO）的农业交涉中主张基于动物福利的饲养形态应当纳入绿箱政策（GreenBox）保护范围[4]。试图通过这个政策达到在欧盟地区内保护农业的目的。欧盟利用动物福利为挡箭牌禁止从泰国进口鸡肉，引起了有关贸易壁垒的诉讼。另外，在 2006 年 5 月东欧加入欧盟时，适用了运输手段条款，提出了保护旧加盟国畜牧业的措施。

现在，动物福利也可以作为政治工具来使用。

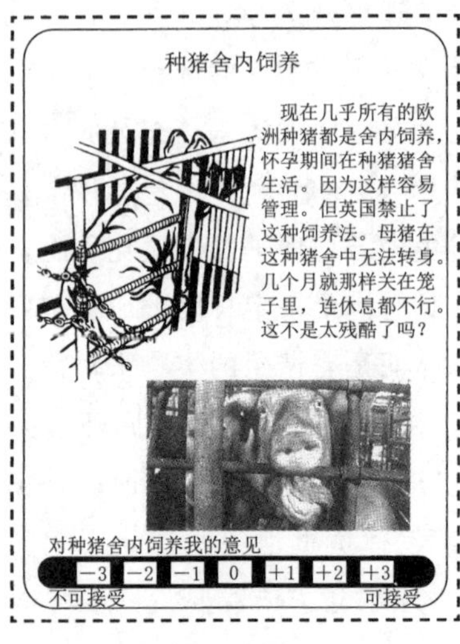

图 4.1　对不同养猪方式的伦理评价

注：根据“世界农业同情基金会”（Compassion in World Farming Trust）用于伦理教育的教材翻译。

【思考与调研】

（1）欧盟动物福利政策成为贸易壁垒，很有可能损害发展中国家农民的福利。这是发达国家的自我保护吗？请讨论。

（2）请思考关于畜牧业的生产成本和社会成本的有关内容。

注

[1]　小菅正夫《生活的本来面目》，学士会会刊《U7》(2006 年 9 月)。

[2]　欧盟公共农业政策中有关动物福利的主要法律：

1976 年《有关农业畜牧动物保护的欧洲国际协定》

1978 年《农业畜牧动物福利指令》

1986 年《多层式笼饲养蛋鸡的保护标准（欧盟指令）》

1991 年《运输中的农业畜牧动物保护标准》

1991 年《猪的保护标准》

1993 年《屠宰时的保护标准》

1995 年《有关蛋鸡保护的欧洲国际协定》

1997 年《小牛的保护标准》

1997 年《阿姆斯特丹条约协议书》

1999 年《蛋鸡的保护标准》

2000 年《有机畜牧业规则》

2002 年《运输中的农业畜牧动物保护标准（修订）》

[3]　例如，有栖枝或睡觉的窝的圆顶型的，考虑鸡的福利的改良型鸡舍。

[4]　WTO 的“绿色”政策措施。避免贸易扭曲的影响和对生产的影响，被允许不作为削减对象的产品保护政策。由国家向生产者直接支付等，通过补贴来保护的情形比较多。

2. 关于有机农业的工程师伦理

有机农业的发展和背景

1990 年之后欧洲的有机农业快速增长（图 4.2）。到了 2004 年，有机农业的经营面积约 628 万 hm^2（3.3%），农户数约 16.7 万户

(3.2%)。在奥地利和瑞士有机农业经营面积占总经营面积的比例分别是12.9%，10.3%。农户数比例达到9.5%，11.1%。与此相比，日本的有机农业经营面积仅有约2.9万hm^2（占日本总经营面积中的比例为0.6%），农户数约4500户（占日本农户总数的比例为0.1%）（德国有机农业研究所调查）。

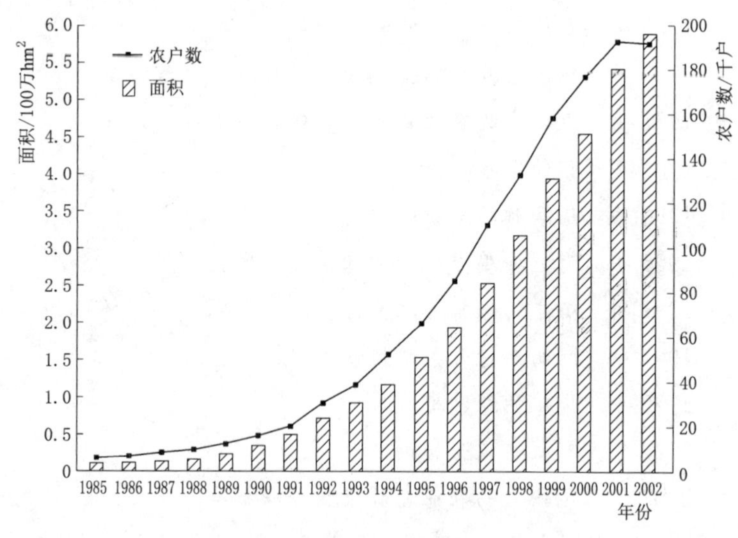

图4.2 欧洲有机农业的发展

注：根据德国有机农业研究所调查制图。

另外，有机农业产品在流通中的占比，日本JAS（Japanese Agricultural Standard，是日本农林水产省对食品农产品最高级别的认证，即农产品有机认证——译者注）认定的有机农产品不到1%，但在欧洲有的品种如乳制品占比超过20%。近些年，可以看到将有机食品作为食材的大型饮食服务业“WATAMI ”等的成长，但是，日本有机农产品因为其流通量少，采取了产地直送或地产地销的小规模流通的形态。相对于此，欧洲，例如英国的超市特易购（TESCO)，马莎百货（Marks & Spencer）等大型超市，迅速地聚焦于有机农产品的未来前景，边开发自主品牌边开拓市场，引导和促进有机农业发展。

这种发展的直接契机是，1986 年切尔诺贝利核电站爆炸事故造成的辐射能污染和疯牛病的威胁。特别是就后者而言，同年在英国首次认定的疯牛病在 20 世纪 90 年代前半期发生爆发性流行，之后，在英国以外的欧洲诸国也相继开始发现了疯牛病。通过这个事件人们对环境问题和食品安全问题的关切急剧增长，例如，英国原来的食品农业部改为"环境食品农业部"，德国则改名为"消费者保护、食品与农业部"等，这些部委变更的名字一直沿用至今。欧盟也在 1991 年由欧盟委员会制定了有机农业规则，1992 年作为农业环境政策的一环开始了对有机农业进行支持的政策（直接收入补贴）。

对环境和食品安全的关切，具体地说就是，对从第二次世界大战（简称"二战"）以后发展起来的被称为"常规农业"的近代农法[1]，也就是对过度降低成本和增加收益的只重视眼前经济效益、高度机械化、依赖于化肥和农药的集约化大规模农业的反思，并朝着摆脱这种农业方法的方向发展。能够理想地解决"常规农业"所带来问题的就是有机农业[2]。

有机农产品的认证和伦理问题

有机农业并不是都是用同样的理念和技术来开展的。因此，实际情况是有着共同理念和目的的生产者同仁组成特定的民间有机农业机构[3]。这些民间有机农业机构制定了各自的有机农业"生产标准"和有机食品"加工标准"，成员们按照这个标准进行生产和加工。然后，消费者购买与自己有共同理念和标准的有机农业机构的农产品。这种情况下，因有机的标准不明确而出现问题，因此国际有机农业联盟（IFOAM）和国际食品规范委员会分别制定了得到国际上一致同意的生产"基础标准"和"有机食品指南"。各有机农业机构的有机标准要比这更加严格。

生产者是否遵守这两个标准由第三方机构进行检查。其机制是只有检查合格的农产品才能得到有机认证（图 4.3），获得认证的生产者可以在产品上贴各自有机农业机构的标识。

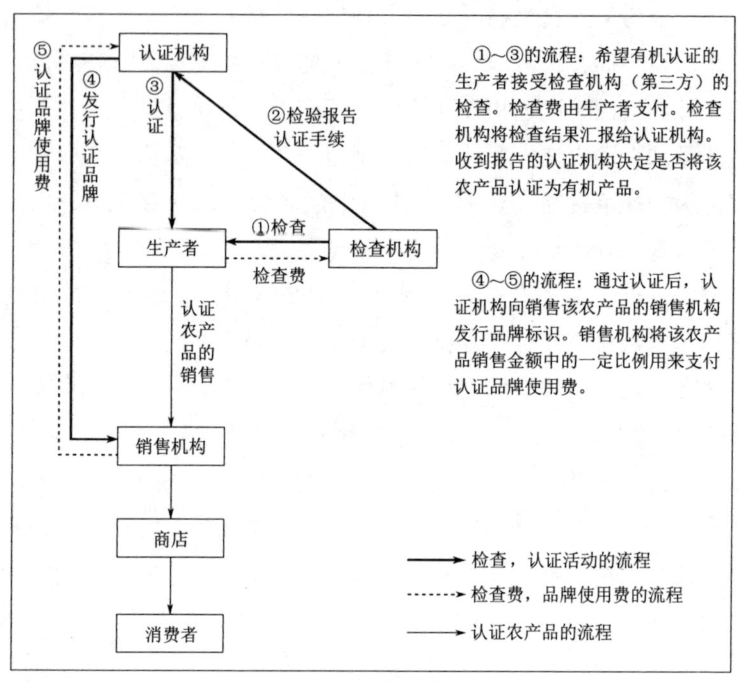

图 4.3 有机认证流程

注：对瑞士有机农业研究所 Fibl 进行访问调查后制图。

这个认证制度隐含着有伪冒的道德问题存在的可能性。另外，即使这样的问题不存在，对于有机农业的从业者，是只考虑遵守有机农业机构制定的最低的生产标准，还是考虑自发地使用更严格的标准，这就是伦理课题了。这是因为，为了达到有机农业机构所标示的有机农业和加工的目的，相关国际机构设置了各种各样具体的生产和加工标准，这些标准的内容，可分类为推荐事项、允许事项、限制事项、禁止事项。这里用有关家畜饲料生产标准的例子来说明标准可选择的范围。饲料生产的50%以上原料是在自己的农业经营中能够自给就可以，但原本希望是100%（推荐事项）。家畜食用的干草可以在

10%以内购买用常规农业生产的饲料，但是希望是不要购买（允许事项）。通过一般的有机农业不可能补充微量元素的情况下，可以补充有限的矿物质（限制事项）。不能够投入转基因饲料（禁止事项）。因为推荐事项、允许事项和限制事项是预设因天气等不得已产生的情况，与禁止事项不同不是义务，不牵扯到伦理问题。

有机农业的本质目的——农场内的循环系统

在日本说起有机农业，往往被单纯地理解为一律不用化学肥料和化学农药，仅仅投入有机肥的农业类型。无农药就没有残留农药问题，农产品是安全的，无化学肥料投入就不会给环境造成负担，人们较多地停留在表面的认识范围内。

但是，从欧美有机农业生产和加工标准的内容来看，有机农业的意义和目的在于明确地定位了农业与环境的关系。例如，英国最大的有机农业团体英国土地联盟（Soil Association）明确有机农业及其加工是为了达成注释 4 里所写的 17 条基本内容[4]。

欧美不仅把有机农业表示为 Organic Farming，也表示为 Ecological Farming，由此来看，其理由就很好理解。即在有机农场这种封闭的生产体系（亚生态系统）中，保持着资源和能量的循环，进而，在农场之间以及农场和周围的自然之间保持着循环体系（大生态系统）。换言之，有机农业就是能够维持可持续性确保生物多样性的农业形态，常规农业就是这种循环被切断失去可持续性的农业形态（图 4.4）。

有机农业机构不承认基因工程技术，是因为这项技术聚焦于基因构成，却没有完整地考虑有机体的系统功能。

有机农业机构为了达到这个基本目的（农业的可持续性和生物多样性—译者注），采用了保持生态平衡的技术。农林业生产的基础是考虑土壤构造和土壤肥力以及与土壤有关的生态系统的同时兼顾物种的多样性，因此，就需要：①多样的轮作系列；②有机质的再利用；

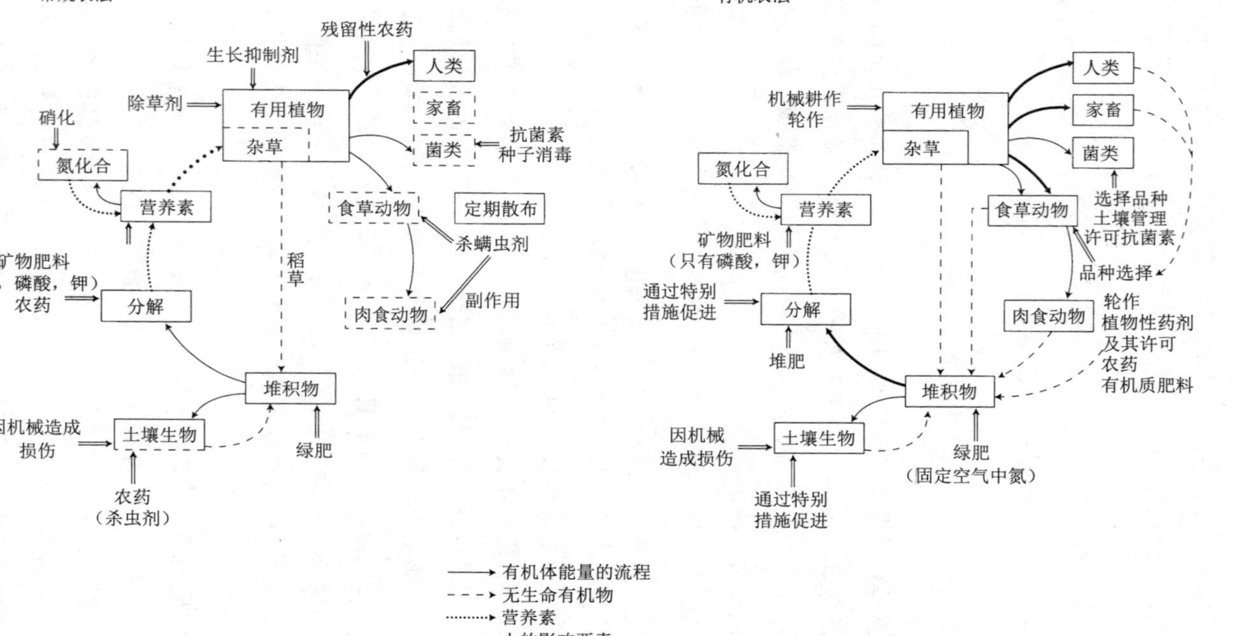

图 4.4　常规农业和有机农业的物质循环图

③不依赖于化肥和农药，因此就必须采用各种各样的技术组合来防治病虫害和杂草。例如通过轮作来防治杂草，通过药草来控制病虫害等。

在欧洲无论哪个有机农业机构，畜牧业对上述的①、②机能的实现都起到很大作用，是有机农法的重要要素。因为畜牧业提供有机物使土壤肥沃，使作物的产量增加，同时通过将饲料作物编入作物轮作系列，对资源循环作出贡献。此外，有的畜种能够利用其他不能利用的农用地，在此基础上能够利用农业生产的副产物等，实现了多元化的良好平衡，对畜牧业部门本身的高收益作出了贡献。

畜牧业自身的核心是呼应家畜生理和行动学的欲望，因此也吸取了动物福利的思想，需要通过：①充分供应优质的有机饲料；②提供能够满足基本行动欲望的适宜的养殖条件；③适当的治疗法等进行组合。

自然生态平衡的基础就是在种植业和畜牧业之间获得和谐的关系，因此，无论哪家机构的生产标准，基本上在各个经营体的内部，首先是在可能的范围内，确立农场里堆肥和家畜饲料的自给；其次是要求将自给率最大化，如果自给率最大化不可能实现，就要在有机农业从业者之间维持互补关系，进行相互补充。

结语

19 世纪后半叶，人们曾经对是否需要维持地力进行过争论。现在耕作的农民把肥沃状态的土地交给未来的农民是理所当然的责任。但是人们对未来负有责任的理念，在被将来的农民一定能够解决将来的事情的见解压制后消失了。对技术进步的过度信赖过度期待是其根本原因。在不肯定有机农业价值的人们中，他们承认有机农业对环境是温和的，但却认为“有机农业是回到生产力低下的二战之前的农业，是容许技术停滞不前的事物”。主张有机农业和动物福利的人们的思考，是基于应避免对所谓科学基础上的技术进步的过度信赖这种历久弥新的科学观，是基于经验科学的综合科学。从这个意义上来说，和信奉常规农业的人们不同，他们始终抱着质疑的科学观来看待事物。我们不要忘记这是从经验科学中诞生的崭新的学问。

【思考与调研】

如果你是有机农业生产者，对有机农业团体的生产标准中的推荐事项、允许事项、限制事项、禁止事项，将会怎样应对？

注释

[1] 在有机农业的世界中经常使用的“常规”（conventional）是作为和“有机”（organic）对比概念来使用的用语。常规农业是二战后发展起来的使用农业化学物质的近代农业方法，因为它解决了粮食不足，增加自给率，增强全球竞争力，从而被认为是“正确”的。它促使英国从二战前不到30%的粮食自给率上升到了100%，20世纪70年代后半叶成立的撒切尔政权揶揄日本的粮食自给率低，可以归功于常规农业。但是，常规农业经过近30年的发展出现的代表性负面问题，就是可能成为致癌物质的硝酸盐在土壤里的累积。

[2] 欧盟的农业政策负责人虽然鼓励向有机农业转型，但并没有考虑用这种农业方法覆盖所有的粮食需求。即使是因为拥有有机农业的信奉者而受到提拔，成为德国改名后的消费者保护、食品与农业部之后的首任部长肯纳斯特，也只把其流通目标定为20%。另外，通常认为有机农业是劳动密集型，其经营规模和常规农业相比要小，但仅从统计数据来看，却没有差异。

[3] 在会员数众多的有机农业机构中，英国的土地联盟（Soil Association），瑞士的瑞士有机认证（Bio Suisse），奥地利的收成（Ernte）等较为知名。与此同时，在德国有40家以上的有机农业机构，组成了Ager联合。

[4] 土地联盟（Soil Association）列举了以下17项有机农业及其

加工的目的。这个目的和 IFOAM（国际有机农业联盟）的内容几乎相同：

①充分进行高质量的粮食生产；

②用可持续的，提高生命力的做法使自然界的各个系统和循环相互耦合作用；

③促进农业系统内部的生物循环，包括微生物、动植物以及土壤中的动植物相；

④维持和提高土壤的长期肥沃度；

⑤促进水、水资源、水生生物的健康利用和适当保护；

⑥促进土壤和水的保护；

⑦尽可能地将可更新的资源利用于区域组织的农业系统中；

⑧尽可能用独立的循环系统来经营有机物和营养素；

⑨尽可能在农场内利用可再利用或可再生的物质进行经营；

⑩为动物提供反映其天生的行动习性的生育环境；

⑪把农业实践中所产生的所有形态的污染减少到最小；

⑫维持包括保护动植物的栖息地和生长条件的农业系统和其周边的生物多样性；

⑬对从事有机生产和加工的所有人，使其在满足基本需求、适当收益和生产环境安全的工作中能够得到满足感，确认满足遵循联合国人权宪章的生活基本条件；

⑭考虑农法对社会和生态学的广泛影响；

⑮用有完全生物降解性能的可更新的材料来生产非农产品；

⑯督促有机农业协会遵循民主主义路线和三权分立的原则来发挥功能；

⑰促进发展对社会公平、对生态系统负责的有机生产、加工以及流通一条龙的体系。

（津谷好人）

3. 有关转基因作物的工程师伦理

背景

像纳豆和豆腐等每天在超市都可以看到的农产加工品，有“未使用转基因大豆”的标识。日本消费者对转基因食品的抵触非常大，不像美国那样全面接受。如上一节所述，欧盟的有机农业机构也不认可转基因。但是现实中，在日本包含食品以外的行业，使用了转基因技术产品的总销售额在2004年已经超过1兆日元，其中还包括大量使用着用转基因产品生产的医药品。另外，日本从美国大量进口农作物，而美国的大豆种植面积的90%以上，玉米种植面积的50%以上是转基因品种。最近，南美洲、非洲和亚洲的各地也开始在一般的耕地栽培转基因作物（图4.5）。

图4.5 南美巴拉圭耐除草剂转基因大豆的普通栽培农田（左）和非转基因大豆农田的除草工作（右）

相对于此，日本通常还不能接受转基因产品。另外，由于担心不实传言的危害，转基因作物的普通栽培实际上还未开展。但在学会会议讨论过关于转基因作物的利用。而另一方面，工程师特别是直接参与转基因作物研究开发的当事人有着在研究方面落后，或者不能用于普及的烦恼。现阶段，有关转基因作物的工程师伦理问题在日本几乎还没有被提起。但 21 世纪被称为是“后基因时代”，转基因技术的应用范围将进一步扩大。于是本节通过对欧美和亚洲的研究人员进行采访，针对在此过程中观察到的对转基因作物的开发及利用所产生的技术课题和农业工程师的伦理问题，举几个国家的例子进行陈述。

英国

英国以前在超市里销售过转基因西红柿罐头，但是现在看不到了。欧洲与美国相比对引进转基因作物非常谨慎。意大利更加极端，处在连使用转基因技术的作物研究都无法实施的氛围中。

于是，对英国农村社区行动委员会（ACRE）的评委英国人科学家 Dr. M. A. Mayo（以下称“梅奥博士”），关于英国转基因作物的研究和引进的现状进行了采访。梅奥博士说，英国此前就类似问题经多年讨论形成的经验是重视公众接受度和科学性风险评估。其基本的判断标准是“对人体以及环境没有影响”。

比如以前，转基因玉米的花粉被蝴蝶（大红斑蝶）的幼虫吃后，幼虫死亡的实验结果报告出来后，媒体一片喧哗。这个转基因玉米是为了针对玉米害虫（玉米螟）导入了对其具有毒性的枯草芽孢杆菌毒素基因（BT 基因），所以这种玉米害虫不吃。吃了这种玉米花粉的蝴蝶幼虫死亡的结果，仅仅是在实验室水平的规模很小的试验，将实试验规模扩大，在实际的栽培田间调查后，并没有确认对生态系统有影响。因此，田间尺度的试验是不可缺少的，而真的要进行适当的田间试验，则需要花费高额的资金和时间。

这类问题应尽可能通过科学试验来解决。英国的农村社区行动委员会虽然是由政府出资的机构，但是，其独立于政府也独立于企业，是以打造循环型社会为目标的第三方机构，其工作内容主要是审查景观保护。转基因作物的安全性评估试验，就必须由这样的保持客观独立的第三方机构来实施。

一方面，因为英国是欧盟的一员，食品安全性必须按照欧盟的标准进行风险评估。全欧洲的转基因食品以及饲料的安全标准，在欧洲食品安全标准（European Food Safety Authority，EFSA）中有明确的表示。另一方面，也必须对环境进行安全评估，例如在栽培转基因甜菜和油菜时，必须对其与同种的野生杂草和其他栽培品种之间杂交的可能性进行科学评估。详细的标准请参照生物技术与生物科学研究委员会（The Biotechnology and Biological Sciences Research Council，BBSRC）的网站。

如前所述，严格遵守判断标准，进行科学试验十分必要。但是，田间尺度的试验研究资金的落实是个问题，对此，梅奥博士极力主张，政府对此保证提供资金但不指手画脚的体系是不可缺少的。

非洲

转基因作物的开发和栽培，最初在美国开展，并扩大到美国以外的非洲和亚洲各国。就这种情况，对 Dr. Claude M. Fauquet（以下称“福凯博士”）进行了采访。福凯博士就职于国际热带农业生物技术研究所（International Laboratory for Tropical Agricultural Biotechnology，ILTAB）。

由于非洲各国大多是发展中国家，大部分消费者的转基因知识（或教育）和信息都非常缺乏。因此，是否认可栽培转基因作物，主要根据那个国家的政治家的判断，因此各国有很大不同，这是其特征。

例如，西非的内陆国家布基纳法索，在进行了转基因棉花［转入枯草芽孢杆菌毒素基因（BT 基因）的抵抗害虫的品种］的田间试验后，收成翻番，遂批准引进这种转基因棉花。邻国马里知道了增产的情况后也决定引进，进而近邻的尼日利亚也决定引进。同样，纳米比亚在引进转入 BT 基因的转基因玉米之后，收成倍增。

而肯尼亚政府由于模仿欧盟引进了生物安全标准，现在还没实施田间试验。另外，非洲也有像津巴布韦这样因为内战，危险性高，不进行转基因作物的引进和普及的国家。

即使非洲的粮食生产技术相对落后，但其也将“卡尔塔赫纳生物安全议定书”中有关植物的生物安全教育作为重要内容，毫无疑问其核心就是要确保食物的安全性。

然而，广泛销售和使用被称为 BT 剂的枯草芽孢杆菌生物农药，喷洒了 BT 剂的农作物已经摆上我们的饭桌。一方面，BT 剂所含枯草芽孢杆菌的毒素可以杀死害虫，BT 剂的使用从科学上来看，认为安全性上没有问题。另一方面，转入 BT 基因的玉米或棉花，也是用 BT 毒素杀死害虫，与前者的区别仅仅是喷洒 BT 剂还是进行转基因这种差异了。如果安全性有保证作物收获量能增加二倍、三倍的话，农户会无条件地引进。转基因作物具备脱贫的潜能，使贫困的农户变得富足，孩子可以接受教育，而发达国家的反对派却总是谴责，他们对非洲贫困国家的情况不了解，福凯博士对此愤愤道。批准转基因作物栽培的非洲国家数在持续增加。

另外，栽培转入 BT 基因的转基因棉花，农药使用量减少到只有过去的 5%的例子也有，化学农药的使用量明显减少。福凯博士说，在非洲能否进行田间试验，其国家政府是否批准栽培是最重要的。

除非洲之外，在中国和巴基斯坦也使用转基因棉花，巴基斯坦已经种植了 300 万 hm^2。另外，中国将野生稻的抗细菌基因转入栽培品种，并进行了安全性试验，是按照北美的生物安全性标准进行的试验。目前为止，中国政府还没有批准普通栽培。不论非洲还是中国对转基因作物栽培的许可，政府的应对起着很大的作用。

农业技术不发达的国家，由于防治害虫的手段不充分，或者没有购买农药的费用，由害虫造成的农作物损失极大。这样的地区引进害虫抵抗性转基因作物，可以产生惊人的效果。如此很明显具备脱贫可能性的情况下，禁止栽培转基因作物的好处是什么呢？福凯博士提出强烈疑问。如果产量有两倍、三倍可观的增加可能性的话，确实有引进转基因作物的价值。当然，对于这种情况实际的田间试验也非常重要，必须确认在那里的土地能够栽培并增收，而且不影响环境。而先进国家不用转基因技术来防治害虫已经有确定的代替方法，所以仅仅增收百分之几的话，会对引进产生犹豫。但是，像美国这样大规模经营的农业，有百分之几的增收（或者节省经费），经济效果也很大。另一方面，日本和欧盟的农业是小规模的多，受不实传言的危害会更大。也许是这种差异成为是否积极引进转基因作物的因素，福凯博士做了分析。

面向未来

1996年转基因作物的普通栽培在美国开展以来，差不多经过了10年。在这期间，转基因作物的栽培面积持续增加。因此，已经开始尝试对这期间的转基因作物栽培对经济以及环境的长期而广泛的影响进行科学的详细的验证。初步的结果表明通过栽培转基因作物农户的收入增加，农药的使用量减少。而且，从农业活动排放的二氧化碳也大幅减少。

从以上研究者的采访中，我们可以很清楚地了解通过田间试验进行科学评估，从更广阔的视点对转基因作物对环境和人类的健康产生的影响及其优点和缺点进行正确评价的重要性。此外，作为经济问题，通过引进转基因作物，那个地区的农户收入是否增加，农村是否富裕起来也必须给予考虑。

【思考与调研】

1）阅读欧洲食品安全标准（EFSA），查一下欧洲有关转基因作物的许可制度、安全评估制度。

2）针对转基因本身的伦理问题、农业和转基因对环境和生态体系造成影响的不同点、本节中发展中国家和地区的问题，进行讨论思考。

（夏秋知英）

4. 有关大规模农业的工程师伦理

现在世界上开展的大规模农业，通过向田地大量投入各种各样的农业生产资料和机械，承担了为人类稳定地供应大量且价廉食物的任务。并且，受大规模农业的恩惠，获得充分食物的各国消费者，开始强烈要求的不仅是价格便宜的食物，而是有更高质量并且安全的食物。此外，大规模农业，还被赋予生产代替化石燃料的生物质能源，和兼顾环保的可持续的粮食生产体系的功能。以大规模农业为对象的农业工程师伦理，和不以大规模农业为对象的农业工程师伦理之间在本质上或许是一样的。但是，大规模农业对地球环境和人类造成的影响要远远大于小规模农业。因此，与小规模农业工程师相比，大规模农业工程师必须意识到的具体内容和使命感以及伦理困境，对农业的思考上有很大差异。这里，针对以欧美和南美洲为中心的大规模农业正在发生的新事例，和大规模农业的技术课题及农业工程师的伦理课题进行讨论。

图 4.6　大型农业机械穿梭的大规模农业

精准农业

美国农业部（USDA）下属的经济研究局（ERS），在 2001 年的调查中，将美国农产品销售额在 25 万～50 万美元的农场定义为“家族大农场”，农产品销售额在 50 万美元以上的农场定义为“家族特大农场”。其结果，家族大农场和家族特大农场，在全农场数的206万个中只有不超过8%，但却销售了美国整体53%的农产品。另外，单纯把全国耕地面积除以农场数来计算，平均1个农场的耕地面积是185hm²。但是，从分类来看，家族大农场和家族特大农场的耕地面积是490～816hm²，向大规模化更进一步。如此，美国农业生产集中在一部分的大规模阶层，呈现出以高效化为目标的农业结构重组的局面。另一方面，美国2002～2003年度生产了全球39.7%的玉米，7.8%的小麦，38%的大豆，在世界谷物贸易中美国所占的比例达到玉米52.0%，小麦21.7%，大豆45.8%。经营如此大规模的农业，投入和引进与大规模农业相关的农业生产资料和农业机械是必需的，功率超过200马力的大型拖拉机等大量普及。例如，根据美国农业部的美国国内农业机械销售台数统计（1996），一年的拖拉机总销售台数是67000台，其中40～99马力的41200台，100马力以上的21400台。另外，自动联合收割机9000台。日本一年的拖拉机销售台数是16000台左右，以20～50马力左右为主，对比来看就能了解美国的农业机械是多么大型化。此外，美国和日本同样，农业机械的事故很多，有报告表明一年相关死亡人数接近700人。还需要指出的以美国大规模农业为起因的深刻问题之一是，作为灌溉水利用的地下水的减少及枯竭。例如，洛基山脉东部的大草原，地下水储量50万km^3的奥加拉拉蓄水层是世界最大的地下水层，它成为美国粮仓地带的灌溉用水源。为种植小麦和玉米，人们将丰富的地下水从地下100～1000m提取上来，用半径400m的回旋式洒水器喷洒。采用中心支轴移动式喷灌系统的大规模灌溉农业，被认为是最具美国特色的商业性机械化农业，成为世界干燥地区灌溉农业的模板。但是，由于奥加拉拉蓄水层的水量是有限的，随着使用量增加，地下水开始枯竭，水位下降成为严峻的问题。通过5000万年岁月储蓄的奥加拉拉蓄水层的地下水，由于最近50年间采用中心支轴喷灌而减少了一半，据推测如此下去50年后将枯竭。引进中心支轴喷灌的农户在地下水位下降的同时，必须加大井深，并高效地利用少量的水。其结果是生产成本增加和土壤盐碱化加剧，经营困难。有报告指出，无视降水和地下水循环规律的商业性喷灌农业已经走到了尽头。

于是现在，人们从精准农业的观点出发开展保护地下水的研究。精准农业是以追求经济效益为目的的农业，如本书第 6 章的 7. 所陈述的那样，通过全球定位系统（GPS），地理信息系统（GIS）从农业机械所处的田块的位置信息，极为详细地测定田块内的产量、土壤状况，在考虑环保的同时，通过投入最少的农业生产资料和机械使收获最大化。例如，在科罗拉多州的南里奥格兰德河流域，发展了中心支轴喷灌的大规模农业。在这里，通过利用 GPS、GIS，制作农业用水的散布量地图，根据与产量地图等数据之间的比较结果，控制多余农业用水的散布量，同时开展了谋求维持土地生产力的灌溉系统研究。如果能够将这些技术实用化，就能够成功抑制由于灌溉造成的地下水减少及枯竭，从环境、经济两方面受益，打造既不减少产量，又能够可持续发展的大规模农业。

精准农业的信息化

为了确保农产品的安全性，对农药、重金属、微生物等农业食品的危险因素进行综合管理，从生产到收获、包装阶段为止，导入了良好农业规范（Good Agricultural Practice，GAP）综合管理制度，并在全世界推广。特别是欧洲零售商协会对进口的农产品要求必须取得 GAP 认证，中国、韩国、泰国也在促进普及 GAP 的认证制度。精准农业，就是在耕地中进行食物生产过程的信息化，因此将来 GAP 认证制度以及可追溯系统之间的信息能够综合起来。并且，精准农业中的信息技术，已经在实用化层面开发了运用 GPS 技术的完全自动行走拖拉机。如果引进这种拖拉机的话，能实现拖拉机的正确行走，使拖拉机不会在田块的同一地点重复播撒，确保拖拉机以及作业机按不会碾压作物的路线行走，遥控拖拉机便于有身体残障的农户使用，也可以数台拖拉机同时使用，有利于开展大规模农业。并且，通过农业机械在田块指定地点上的移动，能够避免由农业机械的强烈接地压和耕地之间的相互作用产生的土壤压实（soil compaction）扩大到整个田地。如此，传统的农业机械通过引进最先进的信息技术，不仅能够使农产品的价格稳定，而且能够在考虑环境的同时可持续地生产高品质和安全的食品。

生物质能源生产的角色

巴西大量生产从甘蔗提取的乙醇，由于以甘蔗为原料的乙醇的国际需求增大，政府、加工业者、原料生产者都试图积极地扩大甘蔗生产。例如，巴西农林统计信息的调查机构预测，2015 年甘蔗的生产面积将达到 937 万 hm^2，砂糖生产量 4277 万 t，乙醇的生产量 4108 万 t（其中出口 1400 万 t）。并且，2005 年 5 月，巴西农业部和日本国际合作银行（JBIC）之间签署了《关于乙醇生产的协议书》，由此日本把从海外进口乙醇作为今后确保能源的对策之一。如此这般，巴西需要确保用于生产甘蔗的田地以及农业机械，与此同时今后还需要设置 739 家制糖和乙醇工厂。现在巴西的甘蔗收割，有使用甘蔗专用联合收割机的，但是大多还是手工作业，是机械化落后的农作业之一。甘蔗收割的机械化处于落后状态，乍看起来效率低，但是，通过手工作业的收割，在当地开设制糖和乙醇工厂，能够在当地创造就业，安定地区居民的生活。单纯地实现收割作业的高度机械化，有可能抢夺当地人们的就业，其结果，有可能成为促使城市贫民化的重要原因。而且作为国家政策，巴西，不仅仅生产乙醇，也在发展生物柴油的生产，从现在（2007 年，本书出版时间—译者注）开始的几年，内，期待能产生相当于约 200 万 t 植物油的新需求。巴西种植的大豆，不仅作为生物柴油的原料，而且在世界上作为食物的需求也很大。因此，不仅限于现有农田，还要通过把亚马孙流域改造为农田，来满足世界需求。

包括巴西在内的南美洲，依托广阔的农田生产丰富的食物和生物质能源，为在各个地区生活的贫穷的农民创造了就业。但是现在的南美洲，粮食寡头正在大规模采购甘蔗和大豆等农产品和生物质能源。由此，可以想象为了确保这些采购量而进行的大规模农业，是通过单一作物发展的农业，因此很容易受市场的影响，很难可持续地发展生产。生物质能源的生产有抑制排放 CO_2 的效果，尽管这能够防止地球温暖化，但必须充分认识到，如果为大规模农业开发大型农业机械的话，或许会成为抢夺人们的就业、加速破坏自然的技术。

美国是庞大的石油消费国，不仅本国生产石油，也从国外大量进口。因此，2005 年的美国能源政策中，考虑到对海外依赖度高的国内能源情况，到 2012 年为止，以一年生产 2800 万 t 的可再生燃料，即以生物质能源生产为目标，推进耕地的改种和技术开发。例如，研究开发在轻汽油中加入 15%以下的乙醇混合而成的 E - Diesel 引擎，推进混合汽油作为运输用化石燃料的代替能源的研究和实用化。另外，美国是世界上屈指可数的风力发电量较多的国家，2002 年全美风电装机 468 万 kW。美国通过提高风力发电性能和在税收体系中的优惠措施促进风电的普及。美国广阔的农田，不仅生产生物质能源，还可以作为太阳能发电及风力发电等分散型的不依赖化石燃料的新能源的源头使用。鉴于这种背景，要求大规模农业相关工程师，首先，应该将现在以化石燃料为中心的集中型能源转变为利用自然能源的分散型能源，并进行相应的技术开发。

有机农业和大规模农业

有机农业和常规农业相比要求更细致的作业。比如，有机农业采用不积极进行翻地的耕耘方法（少耕法），需要防止病虫害并进行杂草管理，以及防止作物收成不均一的农业作业。因此，即使在机械化发达的大规模农业中，也需要引进对应有机农业的农业机械，因此需要很多农业机械。由于这个原因，有机农业的农业机械使用时间是常

图 4.7　为栽培小麦装有磙子进行农作业的拖拉机

规农业的约二倍。

美国加利福尼亚职业和健康标准委员会（California Occupation and Health Standards Board）制定了禁止用短镐作业以及用手处理杂草的规定。由于廉价劳动力跨越国境大量流入加利福尼亚，被雇佣于农业的劳动者，主要从事农作业中的重体力劳动，长期身体前倾的农业作业造成背部疼痛，产生许多健康危害。从加利福尼亚农业生产成本的25%用于支付给100万人的劳动者来看，即使已发展成大规模农业的美国农业中，在机械化不充分的地方依然存在着大量利用廉价劳动力的现状。

农户在生产高品质的有机农产品时，和以往的机械化农业生产相比，采用了更花功夫的农业作业方式。在这种情况下，如果有廉价劳动力的话，与机械化作业相比人们更愿意依靠人力开展农作业。但是，如前述加利福尼亚州的规定对残酷劳动进行禁止的法律明确后，如果要生产品质好但是更花功夫的高质量农产品的话，要求农业机械的技术达到更高水平，这就需要农业机械相关工程师响应这个需求。

【思考与调研】

（1）调研美国在可再生能源、生物质能源方面开展的工作。

（2）根据研究机构开展的工作思考一下日本的精准农业应该怎样进行。

（野口良造）

第 2 部

从事例中学习的农业工程师伦理

第 5 章

工程师面临的伦理困境及其产生条件

第 2 部中，我们将介绍农业（包含林业、林产业，下同）生产第一线的工程师所遇到的伦理困境事例，同时针对困境产生的伦理思考，以及据此形成的工程师的应对，与读者们一起讨论。

这里需要首先说明为何要例举这些困境的事例。所谓困境，就是“心中有两个相互对立的思考和想法，决定不了选取哪一个而苦恼”。困境是制造伦理思考契机的“种子”，心中困境的种子发芽的时候，人就开始了各种各样的思考。产生困境时，人们有时也参考法律规定进行判断。最近民营企业越来越重视遵守法律（compliance），依据法律进行判断的必要性也变得明确。但是，即使有法律，也还是存在无法免于困境的情况。因此工程师经历种种困境，磨炼伦理思考能力，变得可以做出明确的决策。

下面所举的例子，是根据 2004 年问卷调查的回答中关于：①困境的原因；②困境的内容；③产生困境的工程师的专业等三点数据的整理结果（参照书末附表），所“创作”的典型事例，也就是在实际数据基础上的虚构事例。

在进入虚构的事例前，我们在这一章先解释实际的农业生产过程中，怎样的工程师，有着怎样的困境，又是在什么场合下产生的。我们会发现，工程师伦理的内容意外地牵涉广泛，从事农业、农学相关工作的大部分人都无法回避这一问题。

1. 农业中的工程师

我们平常很自然地使用工程师这一词汇，若重新叩问它的含义我们还真是无法回答。现在，先按本书第1章所表述的，工程师是“实际运用学问、知识和经验，改变、加工自然，生产物品的人”来理解。那么，农业中与伦理困境相关的工程师是怎样的人呢，我们来看看具体例子。

首先，直接从事生产的农户是不可缺少的。即使是农户也有专职和业余之分。工作之余将农业作为副业的，也可被认为是工程师。

其次，从事农业技术普及和技术援助的人。用农业改良普及员工作为例子比较容易理解，但并不止这些。与农业相关的技术系统的公务员、农协（日本农协的全称：农业协同组合——译者注）和种苗公司的技术指导员、森林管理员、兽医等，也都是这个范畴的技术人员。

还有，农林产品的收购出货、加工、流通等环节的技术人员，农业机械厂家的机械制造技术人员，化学肥料、化学合成农药生产技术人员，从事品种改良的技术人员，农业基础设施的设计、施工、管理技术人员，食品加工业的技术人员等，也都是农业中与伦理困境有关的技术人员。

最后，还有农业相关科学、技术的研究者与开发者。农学作为应用科学的一个分支，本来就是以“经世致用”为目的的学问。因此，大学与研究机关的教员或研究员，民间研究开发部门的研究员或技术员，与农业工程师有着同样的伦理困境问题。

农业这一产业不仅是第一产业（粮食、原料的生产），而且广泛扩展到第二产业（加工、制造）、第三产业（服务）的领域。就这一点而言，农业从业者加上农业高中、农业专科、大学的农学部和兽医学部的毕业生，其中的大部分人都可能作为农业技术人员参加社会活动。

但是，从参与农业的角度来看，可以将与农业有关系的技术人员分为直接生产者以及一般技术员、技术类管理人员、领导。这些人中，由于所处的位置不同对技术所负的责任与权限不同，伦理上的困境也可能有本质差异。为了了解这种差异，在问卷调查的分析中，有意识地对参与农业的角度进行了整理，结果是领导岗位的伦理困境基本上无法归类。但是关于直接生产者以及一般技术人员、技术类管理人员之间的伦理困境的本质差异十分明确，这些结果在虚构事例中进行了反映。

2. 伦理困境产生的原因

现代社会中，农业技术人员所面对的伦理困境，与我们工作生活的产业化社会的状态关系密切。这里所说的产业化社会的状态，指的是科学技术发展带来的农业的社会分工的高度发达，这使得单一作物、单一家畜的大量生产成为主流，包括转基因在内的栽培、饲养品种的改良不断进行，以市场买卖为前提的农产品的规格化、生产记录的信息化不断推进，农产品在广大的范围内流通，大范围流通使得农产品的保鲜成为问题，生产、储存、保管、加工中无法避免地消耗能源和使用化合物。流通范围的扩大，使得人与自然之间的物质循环发生质的变化。

在伦理困境产生的原因方面，问卷调查的结果中提取出了①农药；②化石能源；③化学肥料；④家畜饲料；⑤（农产品或其加工产品的）品质与价格；⑥废弃物；⑦（家畜的）管理技术；⑧转基因作物；⑨设计标准；⑩收益的多样性；⑪制度的整合性等 11 个项目（参照卷末的附表）。其中①～⑧如前所述是与“农业中的社会分工”密切相关的伦理困境产生的原因。此外，⑨～⑪是围绕着农业与法律制度相关的事项，“想要依据某条法律开展工作时，其影响却波及其他领域产生的问题”，或者“某条法律规定的事物，与人们的认识有差异，按照法律无法实施”等伦理困境产生的原因。

由于与农业相关的工程师是一种具有社会性的存在，每天都被各种伦理困境的原因所包围着。因此“我与困境无关”是不可能的，大部分工程师都深陷于伦理困境之中，这并非虚言。

3. 伦理困境产生的场合

农业工程师的伦理困境产生的场合，也与其原因一样具有多样性。第一，由于本书中“林业、林产业”包含在农业中来考虑，困境产生的场合首先是经营农林业的现场。按照土地利用类型来区分，有农地、果林、牧草地、牧场、林地等。也包含家禽、家畜饲养房、塑料大棚和玻璃大棚等设施。第二，农产品（农作物、果树、畜产品、木材、蘑菇等）的加工、包装、出货等设施。这些设施并非只是个人私有，还包含与农协和森林协会等协同的集中设施与出货设施。第三是以农产品为原料生产加工食品的食品加工业的现场，还可以包含制造农业机械和农机具的工厂、木材加工场。第四，农林业相关试验研究机关和教育研究机关。企业的研究开发部门也包含在内。第五，农林业关联的行政组织（国家，都道府县，市町村），农协和土地改良区，森林协会，NPO（非营利组织）法人，各种民间团体作为服务提供部门也不可忽视。

如此，产生伦理困境的场合，包含与农林业相关的第一产业、第二产业、第三产业的现场。前面的工程师涵盖范围的扩展与伦理困境产生的场合相重合，不得不说其范围十分广大。

4. 关于工程师伦理的事例

第2部内容将分为作物生产、设施农业、畜产业、食品产业、林业与林产业、基础设施建设、机械制造与使用等 7 部分来介绍伦理困境的事例。阅读后可以发现，附表设定的困境的具体原因和工程师立场的事例并不能包括所有的情况，但包含了主要的类型。如果读者需要思考事例中没有的伦理困境，可以将书后的附表作为启示加以灵活应用。

（水谷正一）

第 6 章
生产现场的伦理纠结事例

1. 作物生产的伦理纠结事例

在作物生产中，谷物、豆类、经济作物等土地利用型栽培最为常见，具体的作物与各国各区域的水土资源条件及文化相对应，多种多样。日本 20 世纪末形成以水稻为主要谷物（两季种植的区域是麦子和水稻），以大豆和红豆为主要豆类，以棉、麻为主要经济作物的结构。近年来，水稻产量与内需维持着平衡，但是豆类和经济作物的生产受价格低廉的进口的冲击剧烈减少。因此，现在日本的作物生产中，水稻的种植面积和生产农户数占绝对优势。

水稻的生产经营形态，过去一直是小规模家族经营，但当前呈现越来越突出的两极分化倾向。约 300 万兼业农户加上兼业收入才能够勉强维持水稻生产经营，同时约 5 万大规模经营农户以各种形式扩大经营耕作面积以确保水稻生产收入。其结果是，水稻生产对社会经济状况的影响与兼业农户的动向深度相关，对国土环境的影响与大规模经营农户的动向深度相关。

鉴于日本稻作农业的这种现状，我们来分析一下通过问卷调查获得的关于伦理纠结的状况。从作物生产领域技术人员的回答来看，虽然伦理纠结涉及广泛，但是不外是担心农业生产有可能对消费者和区域居民造成健康损害或麻烦，有可能损害区域生态系统，甚至从地球环境、资源保护的角度来看的非伦理性的情况和问题，以及想要避免这些问题却无法花费更多时间、为了确保收益只能视而不见而引起的纠结。无法花费更多时间是兼业农户的特征，执着于确保收益是大规模经营农户的特征。

因此，本节选取一个典型兼业农户与一个大规模经营体的例子，分别具体分析在稻作农业第一线将产生怎样的伦理纠结。

兼业稻作农户 N 先生的经营事例

出场人物

N 先生（55 岁）和他的家人：在汽车公司工作的稻作兼业农户

N 先生现在的经营内容和机械装备如下：

经营内容：水田 0.7hm^2（0.45hm^2 单季水稻，0.25hm^2 转种旱作大豆，其余时间裸地）

旱地 0.02hm^2（各种季节性蔬菜，其中，秋葵大半卖给农协的直销所）

机械装备与台数：旋耕机 1 台，插秧机 1 台，收割机 1 台，背负式动力喷雾器 1 台，轻型拖拉机 1 台

经营水田 0.7hm^2 与旱地 0.02hm^2 的兼业农户 N 先生，将自给以外剩余的大米、转种大豆以及自家消费以外的蔬菜卖给农协。N 先生是汽车公司零部件工厂的正式职工，已经连续工作了 35 年。在他的家庭收入中，农产品销售收入占到 10%左右。如果除去农业机械折旧等费用，农业纯收入几乎归零，但为了传承祖上传下来的耕地，并作为村落社会的一员，他维持着农业经营。家中父母仅仅作为旱地劳动的辅助劳动力，长子去东京工作，农业劳动力实际上是他与妻子（上计时工班）两人。而在这种条件下还能经营下去主要是得益于中小农业机械装备的省力化与高效化。能够拥有每年折旧费约 100 多万日元的机械装备，主要得益于在工厂工作的工资。通过省力化的农作

业，N先生十分快乐地进行食物自给的农业生产。他说，实际上，因为农药的事情感觉到稍稍有点痛心。他听从了农业改良普及员的介绍，即最近的农药已经有了很大的变化和进步，已不像过去的DDT和对硫磷那样有高毒性高残留性，低残留性对哺乳类动物无害，因此对销售给农协的稻谷施用了农药，但自家吃的大米则实行无农药、有机栽培。因为看到农药包装袋背面的说明文中写有“因为农药对鱼类具有毒性，喷雾器具不要在河流中洗濯”而感到担心。自己吃的是100%安全的食物，却出售施用农药的大米，心中不安却视而不见，N先生对于自己的狡黠，心里感到纠结。

●过度施用化肥导致的土壤劣化

父亲年轻时，花费精力将牛棚的粪尿和后山的落叶作为基肥制作堆肥，而自己则仅在生产自家食用大米的水田中，用村里的土壤改良中心的堆肥作为基肥的一部分施用，其余田块除了将收割机中吐出的切成段的稻草混合到田里以外全靠化学肥料。因为制作堆肥、施用堆肥都需要劳力，只有周末才可以进行农作业的兼业农户如果不依赖化肥就无法维持经营。

但是完全依赖化肥，则使土壤硬化，不仅是水田土壤，而且栽培秋葵的旱地的土壤也许由于有机物不足的原因，能看到的蚯蚓也显著减少。水田和旱地的动物不断减少，以它们为食物的鼹鼠和鸟儿们也在减少，甚至区域生态系统也会变得贫弱。土壤中的生物减少很大程度是因为农药的使用，而收割机吐出的切断的稻草直接混合到土壤并不能看作是堆肥，可以推测有机物不足造成的土壤贫瘠也是影响因素。也许我们不得不重新思考依赖化肥的现状。N先生被这些问题苦恼着。

【思考与调研】

（1）现在日本水稻产量以稻谷计约6000kg/hm^2，若不使用化肥，则大约为1500kg/hm^2。如果转变为有机农业，土壤动物的饵食

（土壤有机物）变得丰富，而人类的粮食（大米）产量则会急剧减少。这个矛盾如何解决为好？

（2）山形县长井市的“彩虹计划”等正在各地努力推进将区域的餐厨垃圾和农产品残渣堆肥化后还原到耕地的区域循环型农业。就近寻找同样的事例进行调研。

●由于共同减量地（让出来的土地用于公共设施建设）导致优良耕地减少

目前的兼业农业能够持续进行，是因为耕地整备（相当于中国的高标准农田建设——译者注）实行了用排水分离和换地、大区划化，实现了机械化高效农业。执着于食品和环境安全的市民们说，必须开展与环境相协调的稻作生产，县级的技术指导或者是农政课的技术员们也在说着同样的话。但是水稻生产环境的形成与功能维持是公益性功能，像耕地整备这样的土地改良则是为了提高农户私人利益而实施的，所以向兼业农户要求提高公益功能是搞错了对象。况且不进行耕地整备的话，就不可能实现农业机械化，如果因此造成的、继而因劳动效率低下导致的厌农情绪将使得放弃农业的农户不断出现，这样的话不要说公益功能，连耕地都会不断消失，那不是很糟糕吗？N 先生是这样想的。

尽管如此，原本应该是以适应机械化农业，维持农业和保护优良土地为目的进行的耕地整备，将共同减量地和不同种类换地的保留地作为宅基地，出售的钱充当耕地整备事业费用中的农户负担部分。N 先生对像这样口口声声说耕地整备是为了保全优良农田，为了减少农户负担这种私利而事实上减少区域农田面积这事，感到不好意思。但是不以这种方式来设法降低农户负担的话，耕地整备事业的实施不能获得必要的 2/3 土地所有者的同意。很多农户都处于没有农业后继者的状态，在农业劳动人口老龄化不断加剧的现在，很难一味地指责农户追求私利，这是令人苦恼的地方。

【思考与调研】

(1) 出售保留地在日本是国家规定的制度，为何N先生对其利用感到伦理上的纠结?

(2) 如果能将保留地作为维持水田公益功能的形式来利用，N先生也许就不会产生纠结。是否有这样的事例，请做一下调研。

●关于无区分条件的减农药标识

同样是兼业农户、在村政府工作的N先生的堂兄弟，最近按照村里的方针在水稻生产中努力实行减农药、减化肥栽培。根据有关说明，减农药、减化肥栽培是按照各地区过去施用量的1/2作为基准施用量，但由于该地区是湿地，过去的施用量就比较大，虽然减掉1/2，其施用量仍然不少。即使这样，以减农药大米的名义，生产的大米仍然卖得好价钱。

农协收购部门的朋友也说，过去的施用量有区域差别，是由于气象条件不同等无法克服的原因形成的，只要减到过去施用量的1/2，就可以作为减农药、减化肥栽培的产品来销售。但是N先生堂兄弟女儿的初中老师，自称是一个对食物和环境十分讲究的消费者，他说并不知道农药过去的施用量有区域差别，因此N先生的堂兄弟觉得就像欺骗了消费者似的，心里不舒坦。

【思考与调研】

(1) 农药施用量减半是衡量农户努力程度的指标，农药的容许施用量是衡量食品安全度的指标。许多地方两者不统一，是制度上的错误吗?

(2) 关于减农药、减化肥农产品和有机农产品在日本的JAS法(有关农林物资的标准化及其品质表示合理化的法律)中有规定，请查阅了解。

●关于农业补贴政策变化的责任

N先生种植了0.25hm^2转种大豆，加上至今为止的转种补贴基本上收支平衡。但是为了今后不要出现弃耕地，也为了提高转种大豆的种植收益，农协会长通过努力，在农协设立了豆腐加工设备，像 N 先生这样种植大豆的农户也出资协助。除了在公司上班和从事水稻生产，N 先生还体验到了豆腐畅销的商业感觉、找到了生活意义的喜悦。

但是转种大豆的补贴据说迟早要取消。如果真的取消的话，N 先生认为自己只能收手，不再种植大豆。其他出资的农户情况也基本类似，那样的话，好不容易投资建成的农协的豆腐加工设备就要浪费了，这个设备中有来自于国民税收的国家补贴。这些投入浪费的责任谁来承担呢？

【思考与调研】

（1）从外国可以低价买到的大豆，日本却给农户补贴进行国内生产，这样做错了吗？

（2）N 先生的纠结是作为农户的烦恼还是纳税人的烦恼？

大规模经营农户 M 先生的经营事例

出场人物

M 先生（55 岁）和他的家人：T 县稻作专业农户（注册农户，家庭农场生产法人）

M 先生现在的经营内容和机械装备如下：

农业经营：水田 15.2hm^2［自有地 2.4hm^2，流转耕地 10.3hm^2，委托耕种 2.5hm^2］

正茬（11.1hm^2 水稻，4.1hm^2 转种大豆）

二茬（12.7hm^2 啤酒麦）

旱地 0.02hm^2 各种季节性蔬菜（自家消费）

机械装备：旋耕机 2 台，插秧机 2 台，收割机 2 台，水田用大型送风散布机 1 台，乘坐式耕整机 1 台，轻型拖拉机 2 台低成本经营是M先生获得成功的农业经营方针。自家水田2.4hm^2和从“农地持有合理化法人”流转的10.3hm^2加起来合计12.7hm^2的水田，种植水稻和啤酒麦两季作物，把按照政策减少水稻种植的面积改种大豆来应对（日本政府为维持大米价格，对转种其他作物的耕地进行补贴——译者注）。为了实现低成本化，流转来的水田尽量选择直升机防虫除草除菌，但并不能完全做到。M先生的目标是其收入加上委托种稻作业的收入确保达到700万日元/年（1万日元约600～700元人民币——译者注）。但是这种程度的经营规模，如果不能排除机械装备的低效率，经营收入将进一步恶化，机械化、化学化对能源和区域生态环境将形成压力，这是他的烦恼。

M先生农业大学毕业后，与专业农户的父亲一起工作，通过流转土地和接受委托耕种，逐渐扩大经营规模。这个过程中耕作的农田块数增加，而且零星分散在较大的范围。M先生深感零星分散的田块给农作业带来的不便和低效，5年前父亲去世M先生继承了农业经营，正好适逢推进21世纪新型耕地整备达成水田规模化运动，遂决定在劳动条件允许的上限内，扩大接受流转土地。所幸，M作为父亲的继承者，拥有在父亲身边30年间培育的区域社会信用，从农协贷款备齐了大型农机设备，得到小规模农户和“农地持有合理化法人”的理解和帮助，将所接受的流转土地的分散性控制在最小范围。

接下来就是技术上的胜负了，M先生考虑将有效利用农业机械作为低成本技术的核心，以此提高经营收益。水田的区划，在耕地整备改良时尽可能地形成大地块，田间渠道也改建为低压管道，土壤的培肥只用化学肥料，除草除菌除虫尽可能运用直升飞机来完成，大米的干燥、保管作业全部由农协的乡镇仓库来完成。由此M先生提高了经营效率，二茬的啤酒麦种植也比较顺利，扣除地租、农业机械折旧费和税收等，M先生维持着每年经营利润超过700万日元的状态。

●关于农药与化肥的过量使用

这个夏天，喜欢昆虫的 4 岁的孙子从东京来，他抱怨说，爷爷的水田里找不到蚱蜢和泥鳅，去后山也找不到双叉犀金龟，说得 M 先生心中一凛。确实，因为已经多年不施用堆肥，水田里的生物应该越来越少了，直升飞机进行的灭虫灭菌除草，使农田周边的居民经常抱怨家里有臭味飘入。像山谷田地这一带的地形以及周围的后山里，农药确实都会飞散到吧。农协职员说，最近的农药因为分解比较快，不会在大米中残留，所以安全，但是，这是针对大米消费者所说的安全性。据说为预防稻瘟病向空中播撒的耐雨性高的四氯苯酞，对鱼有毒性。去年因为蝽在出穗期大量繁殖而紧急播撒的杀虫剂“氯杀威”和“稻丰散”的毒性好像是最大的。从这些事例来看，农药飞撒所造成的后山的昆虫们的受害是无法避免的。为了家人过上富足的生活而励志从事农业的 M 先生，现在却让 4 岁的孙子在感觉不到生物气息的世界里成长。他一路走来向来以身为专业农民而自豪，如今自己的人生是不是到达终点了呢？这令人烦恼。

【思考与调研】

（1）M 先生的纠结是怎样产生的？是在他和孙子的关系中产生的，还是在他和区域生物的关系中产生的？

（2）虽然并不像兼业农户那样为了省事而依赖化肥和农药，M 先生却产生了纠结，为什么呢？

●关于对大型农业机械的依赖

M 先生的次子从进入研究生学习阶段开始，对 M 先生农业经营方式的批评越来越强烈。他开始说，“已经对石油资源枯竭和全球变暖具有危机感，却完全依赖这种排放污浊废气的大型柴油机的农业机械开展农业经营不感到羞耻吗”，“堆肥也不投入，重型机械不断碾压，水田的土壤不是又干又碎吗，一旦大雨来了有可能引起水土流失和泥石流啊”，“这种结果不仅是国土资源的损失，还对下游的河流生物造成打击”等，全是傲慢不逊的言论。虽然M先生心中嗔道：“你个臭小子!”但是看报纸和电视，并不仅仅是次子那样的年轻人，很多城市的人好像都有同样的想法。虽然M先生想要做受次子尊敬的父亲，但如果不用农业机械，现在的农业经营根本无法成立，这让人烦恼。

【思考与调研】

(1) 不仅是农业，工业、运输业等都同样地消耗大量石油。为何农业经营者特别强烈地感受到这种伦理纠结呢?

(2) 仍然依靠父母养活的次子的言论，是站在怎样的伦理立场?

●关于因耕地整备破坏自然生态系统

得益于21世纪新型耕地整备、田间排水渠管道化、田块变成$2hm^2$的大区划水田，机械化田间作业的效率大幅提高。但是泥鳅和小鱼等通过河流上溯到田间的生物却完全看不到了。即使这是预料之中的事，M先生还是对龙虱、蜻蜓和水虿等从远处飞来的生物也大量减少而感到吃惊。农药的影响肯定有，但是使用同样农药的耕地整备区域以外的水田情况却没有这么严重，由此看来，不得不考虑应该是因为河流消失以后水田内的生态系统变得贫弱。再加上田间灌排渠道的管道化，水生生物的栖息地急剧减少，剩下的明渠也是三面混凝土硬化，生物栖息困难。据说是水田稻作造就了日本的原始景观生态系统，大力推进大规模稻作经营的自己，或许帮助破坏了这样的日本原始景观，M先生为此而感到惶恐。

【思考与调研】

(1) 美国的水田很多是$10hm^2$以上的大区划，但却没有听到类似的烦恼。那么，M先生为什么会产生纠结?

(2) 由于便于大规模经营的水田大区划化是国家的农政方针，想要忠实地服从这一农政方针的M先生没必要感到纠结，可以这样说吗?

（3）曾有通过采用水田放牧的稻牧轮作体系，尝试兼顾水田的大区划化与维持土壤肥沃度的例子。请做调研。

●关于兼顾优良农田保全与有机农业的困难

M 先生接受流转的水田所有者之一的一个小规模农户，在留给自己的一点点水田里，用有机农法生产大米。他把自家食用以外的大米装入印有自己脸部照片的袋子里，拿到直卖店（日本乡村设立的直接贩卖农产品的小店——译者注）销售。其价格是 M 先生农协大米收购价格的一倍以上，却很快就卖完了。此事重新让 M 先生体会到对食物和环境十分在意的消费者们对安全安心的食品的强烈向往。如果自己也转换成有机栽培，现在的稻作面积减半而能卖到一倍的价格的话，理论上可以得到与现在同样的收入。但是，在稻作面积 15.2hm^2 的一半即 7.6hm^2 的水田里进行有机农法耕种，在劳力上不可能做到，就算是被农机具贩卖店推销员的花言巧语所蛊惑，装备齐全的农业机械也将成为过剩投资。加上更重要的是积累起来的接受流转的水田，是为了响应耕地保全合理化组织的片区负责人不希望出现弃耕地的热切期待，所以不是那么简单就可以放弃的，M 先生纠结着。

【思考与调研】

（1）不希望出现弃耕地，对 M 先生的努力充满期待的耕地保全合理化组织的片区负责人的热切想法，是基于怎样的伦理认识？

（2）通过让杂种鸭来吃杂草和害虫，减少农药使用量的稻鸭共生农法正在各地推广。请做调研。

综合分析

在这里对稻作农户的伦理纠结进行综合分析。

（1）农户通过水稻生产，具备了维持家人的生活、满足消费者对大米的需求、维持田间生物的栖息条件从而保全区域环境这三个功能，至今为止的水稻生产都具备了上面的三个功能。但是近年来，根据水稻生产使用的技术，存在三个功能中哪个优先的话就会产生对其中的另一个功能造成损害的危险。为了不让农户抱有伦理纠结，是农户必须进行贤明的技术选择，还是与技术开发相关的工程师应该拥有贤明的做法呢？

（2）针对技术的使用方法，日本政府制定了如残留农药标准等各种约束。在这些约束条件范围内，农户各自的活动可以不产生伦理纠结。但是这些约束标准很多都是根据各种试验结果决定的，同时也是作为终结讨论的妥协的产物，较多地取中间数或赞成反对并记的形式来设定。因此，围绕这样的约束值的伦理纠结，是否具备了社会性和反映农户内心情况的个性这两个方面呢？

（3）大米是日本重要的食材，生产大米的水田稻作是日本农业的支柱。由于生产技术和使用方法而产生地球环境问题和资源问题这一点，稻作农业和汽车产业相类似。汽车产业也是日本的核心产业，其使用的技术及其使用方法可能引发地球环境问题和资源问题。从这个意义上来说，稻作农户与在汽车公司就职的劳动者相似，如果这样，技术现场产生的两者的伦理纠结相同吗？

（富田正彦）

2. 设施农业的伦理纠结事例

背景——从追求经济效益转向追求环境和谐与食品安全

2004年，日本的农业生产总值为8.8兆日元。按主要门类所占比重来看，设施农业3.4兆日元，占38.4%（其中蔬菜24.6%、水果8.9%、花卉4.9%），为第一位，超过了大米2.0兆日元的22.8%，畜产2.5兆日元的27.9%。日本高速增长开始的20世纪60年代，农业生产总值1.8兆日元中，大米48.7%，畜产14.8%，设施农业 14.6%（其中蔬菜 8.4%、水果 5.8%、花卉 0.4%），完全是水稻之国，但是现在如果只从经济的侧面评价农业的话，可以说是设施农业的国度。

1961 年日本制定了《农业基本法》，在高度经济增长伴生的农产品需求扩大、变化的背景下，作为选择性扩大（《农业基本法》中表述的根据需求相应地增减生产——译者注）对象的畜产和蔬果的增长令人瞩目，其中又以蔬菜生产的发展最为显著。之前的蔬菜产地布局于大都市近郊，后来由于交通与运输手段的改善，相距较远的地方也开始形成蔬菜产地。

另外，这些产地的农户为了追求高收益，建设塑料大棚和玻璃温室，推进促成栽培和抑制栽培技术，以便能够在高价格时出售，最终出现了实现全年栽培的事例。装配有使用 A 重油（指定用于农业、渔业时不加油税的能源——译者注）的暖气设备的温室进行全年栽培是当时最先进的生产技术，受到欢迎并得到推广，到现在已经是完全普及了。

不论是蔬菜还是花卉生产，运用设施装备对其过程进行人为控制的技术，在经济高速增长期及以后的一段时期，都是得到肯定的，但 20 世纪 90 年代以后，却产生了各种疑问。例如，全年化生产使得蔬菜丧失了季节性，“旬的意识”淡薄，温室的农产品味道单一，由于产地间竞争、国际竞争激化，无法期待以往的高价格，难以确保收益等问题。但是，其中面向将来越来越成为重大课题的是“与环境的和谐”和“食品安全”问题。

为了按照市场的要求生产、出售果树、蔬果、花卉等，反季节种植、温室供暖等需要大量的化石能源。花卉生产，特别是生长期间需要高温度的品种，冬天的温室供暖是必需的。例如蝴蝶兰的生产尽管需要供暖费用但利益仍然很大。

农业经营成本中光热动力费所占的比例，一般作物不到 10%，而设施蔬菜、设施花卉与之相比较高，占 20%。投入农业的各种能源投入量见图6.1，由图可见，设施蔬菜、花卉类本身能源消耗量多，并且A重油等燃料占了7成。其次，覆盖温室需要塑料薄膜，也间接地使用了化石能源。这样的供暖温室成为全球气候变暖的要因之一。

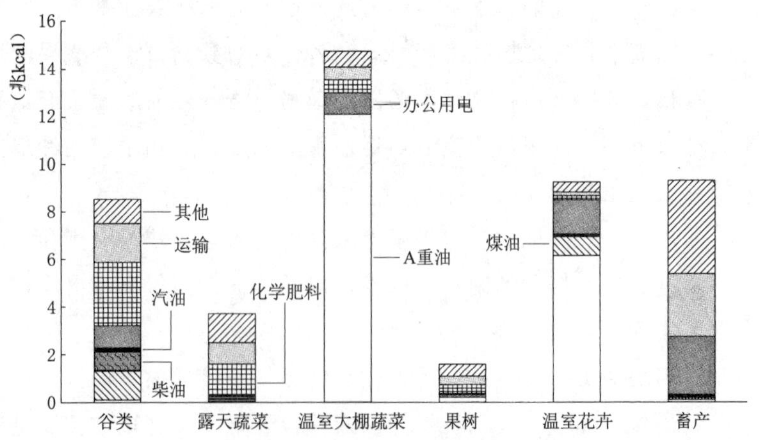

图6.1 投入农业的各种能源投入量（2000年）

注：引自农林水产省《平成18年度版 粮食·农村·农业白皮书》p.101。

其次，人们为了降低处理费用，焚烧或废弃废塑料薄膜，废弃无土栽培的营养液等。然而这些物质的焚烧和废弃，都会造成空气污染、土壤恶化、水质污染、产生二噁英等有害物质，使得环境恶化。

另外，为了追求利益，如保证农产品的味道和保持品质，或者生产花卉抚慰人心，生产中使用大量化石能源也是不得已。但是，从能源使用效率的角度来评价的话，设施农业作物，特别是西红柿和黄瓜生产的低效率显而易见，不得不说从环境经济的角度来看问题比较大。

为了提高设施农业的能源利用效率和谋求化石能源的代替物方面的措施包括，农户们对生产现场中供暖器具进行彻底的定期检修，政府对引进节能设备实施补贴等。但是显然这种头痛医头的措施，不能根本解决问题，而例如设施农业比较先进的荷兰，正在探索尽可能利用自然力的温室进行有机栽培。

与露天栽培相比，温室栽培中高温多湿的条件加上日照不足，病虫害易发。而且，温室是害虫的天敌比较难以奏效的环境，虫害的损失也容易增大。由此，为了提高生产效率，温室栽培过程中一直都在使用农药。此外不可否认，由于消费者喜欢没有被虫咬和损伤的具有良好外观的作物，也助长了多用农药的趋势。尽管如此，在对农药产生的环境污染警钟长鸣、对食品安全越来越强的担忧声中，近年日本政府还是大力推进了对目标生物之外的生物毒性低、对环境负荷少、残留性较短的农药开发。

为了应对这种状况，日本通过修订 1971 年制定的《农药取缔法》，完善残留农药对策和加强农药登记制度等，法规制度体系向着重视对环境的影响和食品安全的方向转换。特别是 2002 年，为保证国民的食品安全，日本以全国抓捕无登记农药事件为背景，对《农药取缔法》进行修订，2003 年在《食品安全基本法》和《食品卫生法》修订中，也全面加入了对农药的管理与限制。

更进一步地，在对食品安全和降低环境负荷的关注、对“减农药”的需求不断强化的过程中，日本不只在农药上下功夫，还致力于推进有害生物综合治理（IPM）方法，将天敌和微生物进行组合并保持良好的平衡状态，以降低农药使用量。

一般技术人员 · 管理者内心纠结的事例

出场人物

W 先生（36 岁）：C 县 T 农业振兴中心农业改良普及员

Y 先生（57 岁）：C 县农业振兴普及课长

F 先生（55 岁）：温室西红柿生产者

这里是位于 C 县南部 O 市的历史悠久的西红柿产地 Y 地区，紧邻东京，虽然由于其“睡城化”（工作在城区的早出晚归工薪族聚集的区域——译者注）形式的城乡居民混居不断增加，但是比较难得的是农业，特别是西红柿的生产仍十分旺盛，农户们也大多能够确保接班人，是实现了C县推奖的“首都协作农业”的模范地区。这个地区所辖T农业振兴中心负责蔬菜生产的农业改良普及员W先生主要通过产地的领头羊F先生，进行西红柿生产的普及活动。

●西红柿农户F先生

F先生1965年左右开始西红柿生产，经济高速增长期，西红柿价格越来越高，同业者也增加了，形成了面向东京市场的都市近郊型的生产基地，经营顺利发展。但是，1998年突如其来的危机降临。之前持续以不低于每公斤300日元价格销售的西红柿，由于开始从韩国等国进口，价格直线下降到每公斤220日元。根据收支精细计算的结果，得出以下结论，可经营的下限是如果价格降到每公斤200日元的话，必须少许扩大规模，并且最低单产必须要达到200t/hm^2。如果不满足这个条件就无法与进口西红柿竞争。

F先生的西红柿栽培技术非常出色，不但在Y地区，在C县内也是最高水准，但现在单产是120t，他觉得要达到单产200t完全不可能。

束手无策的F先生，决定向负责本地区蔬菜生产的农业改良普及员W先生咨询。W先生刚赴任，F先生对他也不了解，只是听说他是一个热心学习的人。F先生抱着几乎是要抓住最后一根稻草的迫切心情联系了W先生：“W先生哟，你是U大毕业的听说你很优秀啊，西红柿单产200t的技术不能想象吧。”

●农业改良普及员W先生

W先生现在是C县T农业振兴中心的农业改良普及员，F先生的产地在他负责的范围内。他毕业于U大学农学部农学科的设施农业研究室，凭借好运，工作后有幸在专业对口的设施农业部门工作。

相比于农艺化学专业毕业的同级生负责不熟悉的梨子栽培工作十分费力，他感觉自己很幸运。

刚工作时，C县已经开始将“首都协作农业”的旗号作为C县的农业政策，不断扩大叶菜以及茄子、西红柿等果菜类蔬菜和水果生产。W先生在前任地区，主要是负责茄子生产，那里是日本夏秋茄子的第一产地，在任中获得了茄子生产者组织的“日本农业奖特别奖”。那时，农户们都感谢他说“多亏了你”。当然获奖肯定不是自己一个人的力量，但经过14年普及经验的积累，他成为中坚力量，为“首都协作农业”的发展做出了应有的贡献，并为此感到自豪。

W先生刚刚到任就接到F先生的咨询。他感到挺高兴，想起大学课程“园艺学”中学过的关于荷兰温室栽培的先进技术，于是就查找了登载有关西红柿消息的荷兰园艺专业杂志《园艺科学》。近10年前的那一期，记载了运用化肥的“高线诱导的高顶铁架温室进行20段诱导”的栽培技术，单产已经达到50t。但是这个杂志最新一期刊登了，虽然单产下降但和前面差异显著的有机温室西红柿栽培新技术。有机栽培，不仅指不使用化肥和农药，而且由于利用土壤中的微生物提高了地温，因此与原来的方法相比，稍作加温即可，有时甚至不花费供暖成本，十分环保。

伴随欧盟消费者的需求急速变化，与之相应的栽培技术也发生了很大变化。面向德国消费者的荷兰温室西红柿栽培法，已转变成为环保型农业。W先生想起几年前就在NHK（日本最大的全国电视台——译者注）上看到有关欧盟农业的节目，介绍了刚开始向温室西红柿有机栽培挑战的经营者。

如果这种有机栽培法确实能行的话，W先生很想介绍给F先生。但现在还不知道具体做法要进行普及就无从谈起。W先生从实际出发，推荐了挑战“高顶温室栽培”技术，这种技术在荷兰已十分成熟，从经营的角度来看是可靠的。基于或许将来的时代是有机栽培的时代的认识，W先生顺便也向F先生推荐了获取特别栽培农产品认证的途径。

●西红柿农户F先生

“太了不起了！还有这样的技术啊！”

只是，应该投入也不小吧。通过农协，F先生向分管的农业振兴普及课长Y先生咨询，得知，因为高顶温室栽培是新技术，引进这一技术需要的大量投入可以由县里拨款。

“下决心尝试一下高顶温室栽培。”

从他人的角度看，新建设备需要大笔投资，一口气向目标单产一倍以上的新技术挑战，这无异于赌博。F先生自己却有坚定的自信，认为荷兰人能做到的事，自己也能做到。

但是，实际情况是，日本没有高顶温室，包括材料都必须和制造厂家一起开发，栽种时间要提早两个月的长期收获的种植模式也没能建立，品质低下和病虫害问题不断发生。尽管遇到了各种困难，去年还是获得了单产260t的收成。

但是现实中，农业面临的情况十分严峻，一劫过后还有一劫。

最近1～2年，由于石油涨价，供暖费用增加，收益下降，“石油价格高涨”使F先生感到不安。

对F先生来说，石油是从根本上支撑设施农业栽培技术的不可或缺的原料。没有供暖，这种生产方式就不能成立。因为石油供暖对环境造成影响，我们“不要使用”石油这样的话题是外界的事情，“不能使用”石油这事，才是F先生的切实问题。不过，如果供暖费用增加太多，也不得不寻求替代办法，但目前还没有具体方案。

●农业改良普及员W先生

“或许将来的时代是有机栽培的时代”W先生对F先生这么说，是因为近年来感觉到，虽然依赖石油能源是温室栽培的宿命，可是这样真的可以吗？近代农业是“依靠石油的耕作”。塑料温室的塑料薄膜，是源于石油的产品，化肥、农药等化合材料的制造也使用石油。

供暖的燃料当然也源于石油。

石油燃料燃烧供暖排放二氧化碳成为全球气候变暖的主要因素，这对地球环境来说是个问题。将来，像欧洲那样，消费者的环境意识更加强烈，说不定这种栽培法将被否定。还有，尽管毕业于农学科，W 先生还是觉得农业生产中“总是人为地控制”的做法有点不对头，“反自然”的疑云萦绕不去。可能的话，他还是希望用环保的方法进行栽培。

F 先生刚转换成高顶温室栽培，再让他转换成有机栽培，这样的话 W 先生说不出口，而且也不现实。考虑到降低成本，确保收益，使得经营得以继续，F 先生只能用现在的栽培方法。

鉴于工作职责，W 先生不得不推进 C 县的“首都协作农业”政策。当然也有对上司的顾虑，W 先生对目前的普及活动始终有羞愧的心情，生自己的气，对自己不能直言感到窝囊。

●管理层的技术人员 Y 先生

Y 先生在 50 岁便成为农业振兴普及课长，相较于大多数人是比较早的。至今，致力于推进“首都协作农业”，对推进 C 县的蔬菜生产大显身手。他通盘考察全县，研究振兴蔬菜生产的问题，觉得在与其他县的产地竞争中 C 县不能输，对本县向首都东京供应食材感到自豪。

在促进蔬菜产地发展的事业中，包括 F 先生所在的温室西红柿产地，尽管总投入达 10 亿日元，通过辅助金（须审查的补贴——译者注）与投资助成金政策（符合条件的补贴——译者注），实际农户负担控制在 1 千万日元以下，每户负担控制在 200 万日元以下的水平。对此作为农业振兴普及课长他感到骄傲，他曾经为了向农林水产省请求补助，跑了好多趟。

但是最近，兼着换换心情，顺便去了直卖所，买了在那里销售的露天西红柿试吃后，对自己一直以来致力的事业产生了疑问：“我真的做对了吗?”。

对农户来说，设施农业的产品能够高价销售获得高收益，并且为了让专业经营能够持续，获得政府补助是好事。但是，从别的角度看，结果是投入这么多国家资金，又把西红柿的高价转嫁到消费者身上。为了保持温室西红柿的营养价值，投入了多少资金花费了多少成本啊！可以说温室蔬菜生产的能源效率是最低的。如果从环境经济的观点来看，设施农业是很不经济的。何况并不是全部的设施农业经营都能维持高收益并得到发展。不如说成功的仅仅只是一小部分而已。

相对于此，老奶奶拿到直卖店销售的露天栽培西红柿既新鲜又便宜还好吃。Y先生羡慕这种自然和随意。

【思考与调研】

(1) 你认为农业改良普及员W先生在推进工作的同时是如何产生纠结的呢?

(2) 作为管理层技术人员的Y先生，为了先进的设施农业的发展发挥了才能，他对在直卖所销售的小规模农户是如何评价的，请进行梳理。

(3) 在设施农业中追求经济性与追求环境保护的生产技术两者是否能够并行，对荷兰的温室有机栽培进行调研，并进行讨论。

(津谷好人)

设施农业农户的纠结事例

●对设施农业大量消耗资源的疑问

出场人物

A先生（54岁）及其家人：T县草莓专业户

A先生在T县也属于大规模草莓种植专业户，除自己所有的耕地外，土地流转借入0.4hm^2水田，此外还有30栋种植草莓的温室大棚（图6.2），每栋0.027hm^2（5.4m×50m）。水稻只种植自家消费的 0.3hm^2。A 先生 1973 年开始从事农业时，生产米麦和西红柿、春菊，但在 1991 年听从农业改良普及中心与农协营农指导员的推荐种植了 0.1hm^2 的草莓。由于看好草莓的未来发展，A 先生停种西红柿和春菊，专门经营草莓，并在长子下决心继承农业后，致力于扩大规模。A 先生 1996 年开始雇佣外国劳动力，2000 年县立农业大学毕业的长子回乡务农，以此为契机，又增筑了温室，现在经营规模扩大到将近 1hm^2。

图 6.2　温室里的草莓栽培

本来草莓是初夏的美味，但需求多价格高的时期是圣诞节前后。农户们为了配合这个时期出产必须控制栽培环境。栽培草莓就是在冬天也必须保持温室白天 20℃左右、就是黎明也要保持 10℃以上的温度。为此晚秋和冬天必须供暖，塑料温室中配备了燃烧重油的供暖机。与此相反，在花芽分化的夏末又需要“夜冷短日”的处理，傍晚到早上需要将苗转移到降温到 14℃左右完全黑暗的冷库中。而且为了提高产量，还要配备燃烧重油产生二氧化碳的装置。冬天穿着短袖在温室中擦着汗劳动，夏天进入黑暗的冷库感到寒冷时，A 先生也不时反思这种与自然背离的农业生产方式，但是转而又想，为了提高收入这也是没办法。

草莓的生产设备还有很多。草莓刚开始栽培的时候，虽在温室内，但还是有土栽培。但是，草莓的植株矮，管理和收获都得弯腰作业，劳动负担重效率还不高。由此从有土栽培转换为较高的架子无土栽培。培养基从土壤转换成使用岩棉、通过管道输送液体肥料的系统。高架栽培的草莓没有了土壤栽培的那种味道，但能收获看起来漂亮的大个的草莓，作业效率也大幅度提高。然而高架无土栽培与有土栽培相比，由于培养基在空中悬着，冬天温度很容易下降。于是在培养基中布设了环绕的管子，燃烧、重油加热的温水从中流过，以确保培养基的温度。温室草莓就像是装有冷热空调的房间里在铺着电毯的被子中睡着的“草莓宝宝”那样，但是想着为了满足都市消费者的需求，为了提高效率也别无他途，这也有助于自家的生计。去年 A 先生和妻子去了夏威夷旅游，儿子新买了雷克萨斯高级轿车，一家人十分开心。

但是，这样真的好吗？一旦踏入这种重装备型的温室栽培模式就无法回头，只能这么继续进行下去，这样将来真的会让消费者高兴吗？特别是最近，全球气候变暖这个词 A 先生听得耳朵都出老茧了，对平日里感觉到的自家农业产生的疑问，心里别扭。温室的塑料薄膜每年不得不重新敷设，培养基的岩棉也需要定期更换。而岩棉中的液肥，也由于担心通过液肥传播扩散病害而没有循环利用，基本上接近于流淌状态地使用着。据说这些都是使用石油等资源和许多能源才能生产的东西，也听说废弃的薄膜处理时会产生有害物质。A 先生去年开始使用农协推荐的寿命比较长、废弃时不容易产生有害物质的薄膜，也想试试最近才开始使用的以有机质做培养基的循环型营养液栽培系统。这些事使得 A 先生心情好了一些，但本质上没有变化。A 先生感到包括消费者在内的食物系统有点失常，但又无法改变与生计相关的现在的草莓栽培模式。

【思考与调研】

（1）调查一下你周围露天栽培的蔬菜和水果的收获时期。

（2）从消费者的立场思考一下温室栽培的优缺点。

（3）你在吃着用漂亮的草莓装点的圣诞蛋糕时，想到了什么？以消费者对农产品的伦理观点思考一下。

●关于使用未登记农药的苦恼

出场人物

D 先生（55 岁）及其家人：N 县芥末生产农户

B 先生（34 岁）：腌制品厂家采购科长

D 先生是同时种植稻作和旱作的专业农户。自家水田面积仅有 $2hm^2$，但 10 年前自从长子继承了家业开始，从附近没有农业后继者的农户那里承包了 $12hm^2$ 左右水田。另外 D 先生 15 年前左右和隔壁城镇的腌制品厂家签了合同，后山上的 $0.3hm^2$ 的旱地上生产芥末。旱地芥末和水芥末一样，根茎长不大，但茎和叶子具有芥末独特的香辛味，与酒糟搅拌后可用来制作“芥末腌菜”和酱油腌制的“芥末酱油腌菜”。芥末在 D 先生家的经营中起着重要作用。

旱地芥末生产中比较麻烦的是小菜蛾的防治。与同是十字花科的包菜、白菜一样，小菜蛾的幼虫会吃光芥末叶子的背面，只剩下叶脉和表面的薄皮，就像伞骨架一样（图 6.3）。因此，在种植前施用了在包菜中使用的粒剂农药。小菜蛾一年能够传代 10 回以上，很容易形成对农药的耐药性，对过去使用的 DDT 都能产生耐药性，是一种很难防治的害虫。尽管如此由于包菜的生产量大，像“猫捉老鼠”一样，新农药不断地开发、登记，就这样也就应对过来了。

但是根据 2003 年《农药取缔法（修订）》的规定，不可将登记农药使用于规定的适用作物以外的食用农作物。由于以前农药的适用登记以不同作物的科为单位，旱地芥末可以使用同样是十字花科的包菜的适用农药，但是现在则不能使用。D 先生很苦恼。针对旱地芥末

图 6.3 小菜蛾的幼虫形成的虫害

注：照片由夏秋知英提供。

这类产量较少的作物的专用的登记农药基本上没有，要用的话也只能用未登记的农药。

D先生2004年完全没有使用农药，芥末几乎绝收损失惨重，勉强卖出的旱地芥末虫眼很多，给腌制品厂家带来很多麻烦。没有办法，D先生2005年悄悄地使用了以前用过的剩余的包菜用的农药，所幸腌制品厂家并没有说什么。风传其他农户也都悄悄使用了，自己也许没必要苦恼。因为现在这种农药对包菜和白菜是安全的，而且新登记制度本身确实也有问题。但毕竟是做了违法的事良心不安，对农药是否确实安全也无法释怀。D先生战战兢兢地咨询了腌制品厂家的采购科长B先生，也只是得到“啊，作为我们厂家……”这样模棱两可的回答。D先生也曾打算做好收入减少的准备，停种旱地芥末转而生产白菜。但考虑到明年长子将要娶媳妇，还是想多挣一点，就又踌躇不定了。

【思考与调研】

(1) 如果你是D先生，会有怎样的烦恼，如何选择呢？

（2）如果你是腌制品厂家的采购科长 B 先生的话，你会怎样回答 D 先生？

（石田朋靖）

3. 畜产业的伦理纠结事例

养猪的背景

20 世纪 50 年代后半期，日本基本解决了第二次世界大战后的粮食短缺问题，畜产作为农业的主要组成部分，直到 20 世纪 70 年代前半期发展顺利。也就是，伴随着日本社会经济的发展，国民收入提高，人们对畜产品特别是肉类的需求增加，畜产业实现了规模扩大和产量增加。在这个发展过程中，特别是养猪和养鸡所需要的饲料，形成了依赖从美国、阿根廷、澳大利亚等国进口谷物的局面。饲料中的氮和磷等一部分从动物粪尿中排泄出来，没有返回到饲料生产国而在日本累积，从全球尺度来看，产生了氮和磷等含量的不均衡分布。

20 世纪 70 年代后半期开始至今，日本的养猪业变化很大。即伴随着每户饲养头数的增加（1976 年 38 头到 2003 年的 1031 头），为了应对来自移住到养猪场周边的居民对臭味和苍蝇等的投诉，以及根据对家畜排泄物处理的法律规定，养猪业增加了建设设施和引进设备的必要开支，收益下降，进而国内生产规模呈现出缩小的倾向（1986 年 155 万 t 到 2003 年的 126 万 t）。为了弥补日本国内生产不足，从美国等进口的猪肉量年年增加（约达到消费量的一半），日本的养猪业也陷入与国外低成本的竞争中。为了提高养猪业的收益性和国际竞争力，必须压缩占养猪成本约 6 成的饲料费（饲料价格×消费量）。在饲料大部分依赖进口谷物的现状下，养猪经营者无法左右饲料价格。但饲料的消费量可以通过养猪技术来控制。方法之一就是往饲料中补充添加物。然而，因添加物在肉成品中的残留可能会损害人的健康而遭到批评，其使用越来越困难。特别是，自2001年日本出现疯牛病感染牛以来，在比以往更加重视肉食品安全的同时，为了减轻养猪业的排泄物对环境的压力，迫切需要对养猪业的生产系统进行转换。

●大规模养猪业者的纠结

出场人物

A先生（42岁）大规模养猪经营者

B先生（43岁）产地直销型养猪经营者

A先生自农学部毕业后到丹麦实习，实习结束后回来继承家业，是北关东中心城市近郊第二代养猪专业户。经营规模为种母猪150头，每年销售肉猪2800头。

在如前所述的背景下，A先生在控制生产成本上升，与周边居民共存的同时，将积极地反映消费者需求的肉猪生产作为自己的目标。特别是最近，为了使经营稳步发展，A先生重视消费者对食品安全的热切期盼，更鲜明地突出与其他经营者的区别，追求具有更高安全性的肉猪生产。

现在的养猪业，关键是在有限大小的土地上如何高效地进行繁殖、饲养。首先通常的肉猪约6个月养到110kg左右出栏。其次，在饲养过程中最需要重视的是卫生管理。现在采用的生产方式（高密度），不可避免地使猪的抗病能力下降。因为现在的生产体系优先考虑成本和效率，不得不在一定程度上牺牲猪的饲养环境的舒适度，因此，猪所承受的各种压力成为发生疾病的起因。为了避免这种情况出现，猪在产仔后要立即采取预防措施，主要的方法是投用疫苗。此外，根据猪的发育阶段不仅投给饲料还要补给必要的营养素。再有，为了促进发育和缓解压力、预防疾病等，在饲料生产阶段根据《饲料安全法》的规定添加抗生素、合成抗菌剂、维生素、矿物质等，和饲料一起喂食。抗生素与合成抗菌剂对猪肠道中的有害微生物起作用，促进营养成分的利用和抑制病原微生物的增殖，使肉猪稳定成长。但是，这些物质长期、大量地投用，已证实猪的体内会产生对抗生素的耐药菌，人类在食用猪肉时摄入这些耐药菌后，在生病时服用抗生素就有不起效的危险。当然如果这些添加物在法律规定的范围内（投放量与投放期间）添加使用的话，不会在肉产品中残留，但 A 先生还是认为，为了保证猪肉食品安全，要尽可能不添加这些物质进行饲养。但如果不使用这些添加剂，在育成阶段患病和育肥阶段发育迟缓的猪增多了，饲养的工作效率和猪舍使用率降低，收益也就随之下降，所以现状是不得不使用。

【思考与调研】

（1）养猪经营者不但要关心猪的健康，现在更需要考虑吃猪肉的消费者的健康。猪肉的安全性取决于复合饲料的质量。复合饲料依据确保饲料安全性改善其品质的相关法律《饲料安全法》进行制造。针对这个法律做个调研。

（2）投给肉猪的饲料，大部分是通过技术人员的管理，在《饲料安全法》的规范下进行工厂化生产的。如果你是饲料公司的技术人员，你能够给 A 先生怎样的建议？

●产地直销型养猪经营者的纠结

B 先生是 A 先生的大学同级同学，大学毕业后，到饲料公司就职，做过复合饲料的生产和营销。工作到 35 岁左右，在升到管理岗前辞去了工作，回到东北家乡的山区开始养猪。经营规模为种母猪 50 头，年出产肉猪 800 头。

辞去工作的动机是，向往和家人在一起过乡村生活。所幸，因为父母从事农业，B 先生返乡后利用在饲料公司掌握的技术开始养猪。从做营销时走过很多养猪场积累的经验中，他认为加入竞争激烈的养猪业，不能以通过多饲养提高效率为目标，而是需要建立一个体系，能够使消费者实现吃到安全美味猪肉的愿望。为此，他认为特别是在母猪产后一个月期间内要注意仔猪的健康，在饲养上下功夫，不让猪拉肚子。不只猪舍要保持清洁，饲养员进入猪舍时也需要换衣服。因为有妻子、父亲和自己三个劳动力，B先生可以对仔猪的饲养进行充分管理，基本不使用抗生素和饲料添加物，成功生产出安全美味的猪肉（图6.4、图6.5）。之后，利用在饲料公司工作时的人脉关系，构筑了能够向会员制的产地直销公司出货的体制。由于按现在的规模，只靠养猪的收入还不能维持生活，B先生还种植了自家消费的大米和蔬菜。另外，面对面倾听会员对产品（猪肉）的意见和要求，邀请会员到生产现场来，共同体验养猪的各个环节等，B先生每天都过得很充实。但是B先生对现状并不满足。买自家猪肉的会员们有着对健康和环境问题的理解，生活宽裕的人较多。B先生生产的安全猪肉的价格，比A先生的模式生产的猪肉价格高出三成，并不是谁都能买得起。因此B先生的经营目标是，让所有人在任何时候都能够以适当的价格购买安全美味的农产品。

图6.4 仔猪的管理
（栎木县畜产试验场）

图6.5 吃食的仔猪
（栎木县畜产试验场）

【思考与调研】

B先生为消费者提供安全美味的猪肉，并与消费者交流，由此感到充实。但是对自己的养猪经营却高兴不起来，为什么呢？

●有关排泄物处理的纠结

同样从事养猪业的A先生和B先生平时并没有联系，但在大学毕业后的20年班级聚会中相聚了。A先生对B先生的跳槽感到很吃惊，同时又对遇到同业者感到欣慰。A先生羡慕B先生正在从事自己作为目标的，满足消费者愿望的安全的猪肉生产。重温旧谊后不久，两人很快就将话题转移到养猪的排泄物处理上来。虽然A先生和B先生猪的饲养头数和管理方式不同，但养猪经营中排泄物的处理是大问题，两人平时都为此烦恼。每头猪每年的粪尿排泄量达到约2～3t，A先生和B先生两人都要处理1000～3000t。牛和鸡的排泄物和猪的相比尿比较少，粪尿可以一起做成堆肥。猪的排泄物尿比粪多（约为粪的两倍），而且由于清扫猪舍需要用水，养猪业的排水不只是尿，还产生污水。因此要进行粪尿分离制作堆肥，尿和污水不处理不能排放到河流中（图6.6、图6.7）。粪尿处理不只需要前期投资，还需要日常开支，因此投入不小。

图6.6　污水处理前后的状态

（栎木县畜产试验场）

图6.7　污水处理设备

（栎木县畜产试验场）

猪粪做成堆肥出售，猪尿则依据《水质污染防治法》进行净化，达到规定的排放标准后排入河流。堆肥棚及其附属机械、固液分离和活性污泥处理设备的型号和管理方式不同，所需的人力和经费有所差异，但需要的经费都相当大（平均经费：堆肥制造中含水约60%的粪1t约2000～3000日元，污水处理则每头猪每年约1000～2000日元）。1头猪的售价约为3万日元，水处理费一项就占到3%以上。A先生和B先生都采用了活性污泥法，但在都市近郊进行生产的A先生，在处理过程中还要注意防止产生恶臭。

最近有消息说，尿中含有的氮在处理过程中转化为硝态氮，如果渗入地下水污染饮用水的话，人畜饮用后在体内转化为亚硝酸，可以导致呼吸困难。因此，为了保护土壤和水质，A先生和B先生都充分理解必须对排泄物进行处理。但是处理经费在产品价格上累加后，价格升高可能导致销售下降。尽管排泄物处理会提升猪肉价格，但这是基于对环境保护的考虑，用长远的眼光看，生产者消费者都是受益者，但现在到底应该怎么做很茫然。

【思考与调研】

（1）本节介绍了养猪业者畜产排泄物处理的纠结，这与稻作、设施农业中经营材料的处理相比是否有什么不同，请做调研。

（2）这里介绍的养猪业者的纠结，相当于图2.2“成为伦理冲突起因的伦理责任感特征框架”中的哪一个位置？请思考。

养鸡的背景

超市售卖的盒装鸡蛋（10个装）的价格是180日元左右，1个18日元。尽管鸡蛋对人体来说是营养价值很高的食品之一，但鸡蛋价格却不高，而且约30年不变。大米等农产品及许多生活必需品的价格都上涨了数倍到数十倍，与此相比，有“鸡蛋是物价的优等生”的说法。鸡蛋能够维持低廉的价格，得益于养鸡技术的进步（品种改良的能力提高，营养素需求量的确定和复合饲料的普及，装了空调的鸡舍等）和养鸡农户的精心饲养管理。

2年前禽流感发生时，有报道称一个养鸡场就处理掉20万只鸡。由此也可窥一斑，现在经营规模约10万只的养鸡场占到全部养鸡场的半数以上，是一种被称为“养鸡工厂”的集约化生产模式。

在装有空调没有窗户的像体育馆一样的房子（无窗鸡舍）中，为了采蛋而饲养的鸡（蛋鸡，孵化后 5.5 个月到 20 个月），被饲养在几乎无法自由活动（戏水、梳理羽毛、移动等）的大小为 35cm×65cm×45cm 的金属笼子中，而且每笼饲养数只。金属笼子能够自动地给饲料、给水。产下的鸡蛋由运输带运走。与此相对，野生的鸡（变成家禽前的鸡），现在还在南亚的灌木丛中栖息，保留了在地上和树上来回上下，在巢里产蛋，并将其抱窝孵化的习性。因此现在日本采用的饲养形态（笼子饲养），无视并违反鸡的天然习性。而因为笼子饲养限制了鸡的行动，节约了鸡的运动消耗的能量，可以提高饲料的利用率。还有，笼子重叠数层放置比不用笼子的场合，可以增加一定土地面积的养鸡容量。由于“笼养模式”可以节约饲料成本和土地成本，生产经费乃至销售价格都可以得到控制（图 6.8、图 6.9）。有评论者批评“鸡蛋是物价的优等生”的事实，实际是以鸡的生存权受到侵害为代价的。

图 6.8　笼养

（枥木县内的养鸡场）

图 6.9　平养

（枥木县试验场）

●养鸡场技术者的纠结

出场人物

C 先生（45 岁）：大规模养鸡场的技术负责人

C 先生是饲养着 50 万只蛋鸡的养鸡场技术负责人，负责饲养管理、卫生管理、鸡蛋销售战略等工作长达约20年。

C先生在大学研究生时期，曾研究鸡对暑热环境如何反应并调节体温，自信非常了解鸡的生理特点和习性。因此，他并没有觉得使用装空调的无窗鸡舍集约化养鸡系统有什么问题。但是，以日本检测出疯牛病、发生禽流感感染鸡、伪造鸡蛋消费期限等畜产相关案件受到社会瞩目为契机，C先生开始强烈感到社会需要安全的鸡肉和鸡蛋。与此同时，从鸡的生理、生活习性和卫生角度来看，他进而对现在蛋鸡的饲养方法的妥当性渐渐地产生了疑问。大约20年前，由于听说英国和欧盟从动物福利的角度对有关家禽的饲养方法，特别是居住空间进行了讨论，他便在互联网中试着查找了相关信息。大量关于动物福利的公开信息远远超出他的预想，对此C先生十分意外，感到自己学习不足。这些信息主要是以下内容。

作为食物利用的家畜必须尽可能在接近野生状态的环境与生态中饲养。一方面，不要关在笼子里，推荐设置栖息木和巢箱，保持某种程度能够自由活动的状况。这样的饲养形态与笼养相比，鸡的身心压力比较小，健康状态也好，抗生素用得少，能够获得安全的产品。而另一方面，在一定的土地面积上能够饲养的头数受限，生产成本增加，销售价格也不得不上升。只是，最近消费者在了解了价格差异的情况下，仍倾向于选择散养鸡蛋而不是笼养鸡蛋。而且，也有人主张，采用散养模式可能改善产品的安全性及其生产性，由此也可以带来收益。欧盟于20世纪80年代开始考虑动物福利，在笼养的情况下扩大每只鸡的饲养面积（2003年以后，550cm^2/只）。但是伴随着设备投资所产生的经费负担和生产性低下，导致国际竞争力下降。

C先生觉得，为了维持一个鸡蛋18日元的低廉价格而所做的种种努力被否定了，为此感到郁闷。在学习关于家畜福利的内容前，他曾认为“福利啥的，只是一部分人情绪上的嗜好罢了”，曾在心里轻视过家畜福利，之后开始考虑如果要对食品安全做贡献的话，就必须采取措施。今后，为了提高家畜福利与鸡蛋的安全性，也许要尽可能创造接近“野生的状态”，但这里的养鸡场，如果维持现在的饲养头数，不可能做到“接近野生状态的环境与生态饲养”。不知道日本的养鸡业从现在开始将何去何从?

【思考与调研】

（1）英国和欧盟正在不断普及重视动物福利的家畜饲养方法，但日本则还处于对动物福利进行研究的阶段。这种差异是因为英国和欧盟与日本各自的文化环境和农业方法的差异吗？请做调研。

（2）动物福利和权利的保障体系，对人的生活会产生怎样的影响?

（菅原邦生）

4. 食品产业的伦理纠结事例

背景

日本的粮食状况在第二次世界大战后产生了很大的变化。在战争刚结束的极为混乱的缺粮时期，人们为了生存想方设法搜寻所需的粮食。伴随着经济高速发展，人们的食物不断地欧美化，由此日本的粮食生产与食品的关系产生了背离。而且，随着国民生活变得富裕，饮食环境也发生了很大变化。食品并不只是为了满足食欲、摄取必要的能量和营养成分的生存必需品，人们还强烈追求食物的便利性和满足人们嗜好的特性。食品味道、外观等食品的品质与功能发生了变化，不仅如此，食品的供给体制和与之相伴随的服务也发生了很大变化。

消费者的要求和欲望永无止境。食品必须是“安全”的，在此之上近年又增加了对“安心”的追求。关于“安全”政府已经制定了许多法律和规定，为了使其确立也提出了很多十分具体的指南；而与此相对，关于“安心”，由于其内容本身源自心理的因素占较大成分，还没有形成具体的方法论，因此在有许多场合，从事食品产业工作的工程师在伦理层面受到了考验。

生活在现代的我们，完全习惯了想要的食品全年每天 24 小时任何时候都可以到手。但同时，快餐店和家庭餐厅，甚至一般的家庭里，大量废弃过了品尝期限[1]（有些场合甚至还没有过期）的食品和吃剩的食品，便利店为了 24 小时不间断地供应食品，每天多次用货车配送。这种状态是建立在能源和资源大量浪费基础上的，需要重新审视思考。

据说，与国外相比，日本人关于“饮食”的意识，对新鲜与安心的意向极为强烈，可以预想这种倾向今后还会不断强化。受这种意向的影响，废弃食品的量越来越大，对环境产生了巨大的压力。一方面，日本许多食物依赖进口农产品，而另一方面，却大量浪费食物，这是一个必须引起深思的问题。

如图 6.10 所示那样，食品产业排放的食品废弃物每年达到约 1100 万 t。加上各家庭各个消费阶段产生的部分（估计家庭食品浪费率 4％左右），推算每年食品废弃物达到 2300 万 t。其中，约 420 万 t 被再生利用（肥料化、饲料化、油脂制品化等），但更多的通过焚烧、填埋处理。

在这种背景下，2001 年开始实施了《食品再利用法》。《食品再利用法》通过控制产生食品废弃物、减量化（干燥和脱水等），以及再生利用（饲料化和肥料化），促进食品资源的循环有效利用，降低环境负荷，以构筑可持续发展的循环型社会。

食品产业有许多是民营企业。民营企业通过制造商品，并让消费者购买其商品，获得利益才能维持经营。在那里工作的工程师，通过公司将获得的利益以工资的形式进行再分配，从而维持自己的生活。因此，在食品行业工作的工程师，首先考虑让消费者购买自己公司的商品由此提升公司的利益。但是，对于那些违背工程师个人良心和意志的工作内容，有必要充分认识并深入思考，这是工程师产生伦理纠结的原因。

这里举两个在食品公司工作的工程师的例子来分析。本事例中的“糖吸收阻碍剂”是一种假设的化合物。

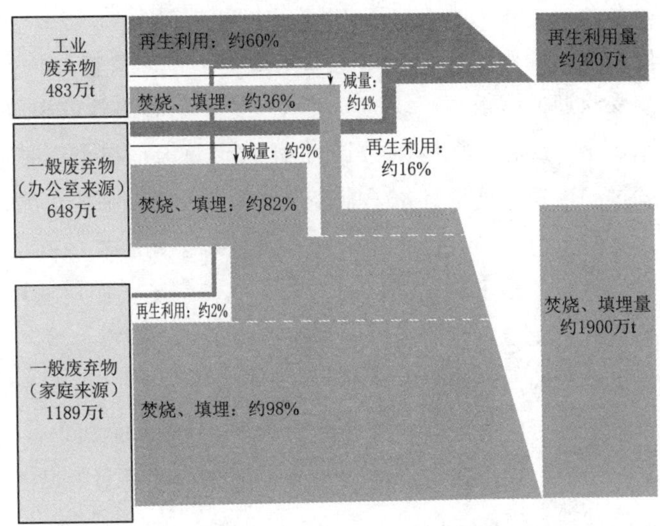

图 6.10　日本食品废弃物处理流程

注：在农林水产省综合粮食局资料的基础上进行了部分修改。工业废弃物以及一般废弃物（办公室来源）的发生量是根据“2003 年食品资源的循环再生利用等实际调研”（农林水产省），一般废弃物（家庭来源）的发生量是根据“2004 年度循环型社会建设状况”（环境省）整理出来的。废弃食用油被分类在工业废弃物中，但为了按行业整理资料，把它包含在办公室来源的一般废弃物里。减量是假定处理后作为废弃物处理的东西。再生利用量以及焚烧、填埋量是根据“日本的废弃物处理（2002 年版）”“2004 年度废弃物的大范围移动对策调研以及废弃物等循环利用实际情况调查报告书”（均为环境省），推算出由市町村（日本最小的行政单位，相当于中国的县——译者注）处理或专业公司处理的比例。

伦理纠结的事例

出场人物

T 先生（32 岁）：在品牌食品制造 X 公司工作

L 先生（34 岁）：硕士毕业后与 T 先生同时入职食品制造 X 公司

T 先生入职品牌食品制造 X 公司至今已 10 年。X 公司并非大公司，但由于持续扎实的经营，以满足顾客需求作为第一目标的企业文化闻名遐迩。T先生刚入职的1～2年间主要是熟悉工作，那时仅仅为做好工作已经竭尽全力，近年已掌握了工作的要领，2年前开始，作为颇受欢迎的盒饭生产线的负责人，负责临时工管理和质量管理。3年前结婚，去年孩子出生。虽然很忙，但每天都在小小的幸福与充实中度过。现在他渐渐具备了能客观地思考公司面临的状况和将来的余裕。有时也会思考自己工作的社会责任，公司存在的社会意义等。想到自己可爱的孩子和子孙们的将来，就无法不关心地球环境问题。认真思考就会发现自己的工作中存在一些矛盾和困惑。

公司生产的产品设定有品尝期限，过了这个时间仍未售出的产品理所当然地进行废弃处理。最近由于POS系统[2]的改进，销售的预测精度得到较大提高，与以前相比废弃处理的食品量有减少的趋势，但店家都不喜欢店面上出现产品脱销的现象，因此每天产生一定量的废弃还是难以避免。然而，由于品尝期限的设定留有相当的安全余地，虽说过了品尝期限其品质并不会急剧下降，甚至有些物品由于味道充分渗透还会变得更好吃。过去要判断放久的食品是否吃了也没关系，一定是根据食客的感官来判断的，但是最近日本人的这种感觉完全钝化了。在规定的安全范围内添加合成食品防腐剂以延长品尝期限，在技术上是可能的，但是消费者“抗拒添加物”的情绪年年增强，如果“未添加防腐剂”的标识不能在商标中标注的话，对销量的影响很大，所以这种方法也不能采用。结果，也许不得不认为少量的食品浪费无法回避，可世界上还有许多人没有足够的食物忍受饥饿，食物的浪费令人痛心。而且，产生废弃商品导致成本上升，虽然一定程度可以通过提高经营效率和生产的合理化来消化，但消化不了的部分还是要加到销售价格中，最终还是让消费者买单。T先生对此无能为力，感到自己的渺小。

T先生一直坚信，尽可能控制成本并稳定地满足消费者愿望，响应公司需求，这正是自己的工作。让消费者高兴，给公司带来利益，其结果自己的工资也能上升，过去他一直将这些单纯地认为是“善”。

然而，真的只要这样就可以了吗？这种疑问时不时从心里浮现出来。

就在那时，有了与很久不见的 L 先生小酌的机会。T 先生和 L 先生虽同时入职公司，但因为 L 先生是硕士毕业后入职的，比 T 先生大两岁。作为入职进修的一环，在参加三班倒生产线上实习时，偶然两人同一个班次，因此说话的机会就多了，互相觉得很投缘，成为同期入职的人中最亲近的两个。T 先生敬佩 L 先生沉静工作的状态和广阔的视野，对于他来说，L 先生与其说是同期入职者不如说是像兄长一样可以请教的对象。此后 T 先生被分配到生产部，属于商品开发中心，与 L 先生一起工作的机会变少了，两人开始约半年一起小酌一次。T 先生将最近自己内心的纠结说给 L 先生听。他想作为工程师的 L 先生是工作能手，在公司里评价也很高，肯定能给自己一些适当的建议。可是，L 先生的回答却出乎 T 先生的意料："T 君也是这样啊。其实最近我也在考虑类似的问题呢"。

L 先生读研期间研究功能性食品，毕业后到 X 公司就职。X 公司所拥有的文化是将顾客的满意作为首要目标，L 先生很早就对此抱有好感，因此毫不犹豫地决定入职。就职后，经过半年进修分配到自己所希望的商品开发中心工作。当初为习惯新环境竭尽全力，默不作声地做产品质量检查的常规工作，不停地忙碌于应对客户投诉，数年前开始正式从事新产品开发，尝到了工作的乐趣。

3 年前的某日，上司通知他，任命他为新成立的冰激凌开发团队的负责人。这几年受其他公司新产品的压制，公司的冰激凌销售额渐渐下降。为了使这一状况回转，他的使命是以"吃了也不长胖"作为关键理念来开发新产品。于是，决定在冰激凌中添加那时刚开始受到关注的糖吸收阻碍剂。糖吸收阻碍剂是从在东南亚栽培的某种作物中提取的天然物，其安全性已经经过科学论证，并得到厚生劳动省的认可。L 先生认为如果只添加糖吸收阻碍剂则商品的竞争力仍然弱，为了让消费者实实在在地体验"吃了也不长胖"的清爽口感，对能够形成这种口味的成分组合下了最大的功夫。他很长一段时间处于废寝忘食埋头工作的状态。努力的结果是总算完成了新产品开发。也由于以女性杂志为首的各种媒体都进行了报道，新产品受到空前欢迎。工厂里持续满负荷生产，X公司的业绩也有了很大增长。L先生的业绩得到认可并获得了“社长奖”。为了完成“吃了也不长胖”冰激凌的制作，L先生反复试吃试做的冰激凌，结果体重竟然增加了5公斤。开发的产品消费者接受了，L先生为公司的利益做了贡献，初次感受到了作为工程师的自信。而另一方面，内心深处却涌现出疑问。原来糖类是人类进行生命活动的重要能源。开发添加了阻碍糖吸收的物质的“食品”，难道本质上不是错误的吗？虽然糖吸收阻碍剂的安全性经过确认，但如果过度摄取很可能会危害健康。L先生响应消费者的需求，并给公司带来利益，从这个意义上说，可以认为做了“正确”的工作。然而，看不到食品本来意义的产品开发，真的是正确的吗？

注释

1）品尝期限与消费期限

品尝期限：按照规定的方法保存的情况下，认定能够充分保持预期的所有品质的期限，用年月日标注。但是，即使超过了该期限仍然保持有这些品质。

消费期限：按照规定的方法保存的情况下，认定没有可能随着腐败、变质以及其他品质劣化产生缺乏安全性的情况的期限，用年月日标注。用于标示包含制造日在内大概5天以内品质急剧降低的产品。

2）POS系统

Point of sales system。记录店铺销售商品的即时信息，统计结果作为生产计划、库存管理和市场营销的基础资料进行应用的系统。也被译为“销售时点管理系统”等。据此，能够正确地进行生产管理和库存、订货、发货管理。而且，还可以对多个店铺的销售动向进行比较，掌握天气与销售额叠加起来的倾向等，便于与其他数据进行联动分析与利用。

【思考与调研】

(1) 调查一下对什么样的食品设定品尝期限和消费期限。

(2) L 先生所做的工作，对消费者的愿望、公司利益、作为工程师的成就感全部都到位了。即便如此，L 先生所产生的纠结，是无谓的吗？

（羽生直人）

5. 林业与林产业的伦理纠结事例

防治松树枯萎病

松树自古以来在日本人的生活和精神文化中占有重要地位。松林可以保持传统的美丽景观，防止风害、潮害、盐害对耕地和民居的破坏，保护区域生活环境，防止滑坡等灾害，在日本人的日常生活中起着重要作用。松树枯萎是让人悲伤的事，但也有人认为可以培育别的树种取而代之。

有些适宜松树生长的林地，由于有了松树形成了优美的景观。毫无疑问，为了保护这些松林尽力采取措施十分重要。1977 年立法的《啃松虫防治特别处置法》，就是要以举国之力来防治松树病虫害。

现在，除了北海道、青森县以外，日本境内的异常松树枯萎，是由于松树的传染病引起的，正式名称叫“松材线虫病”（啃松虫）。传染病的罪魁祸首是一种叫作松材线虫的体长不到 1mm 的微小的线虫。这种松材线虫，是 1971 年森林综合研究所（现名）发现的。松材线虫自己不会向别的树木移动，是通过体长约 3cm 左右的搬运者——松墨天牛一棵接一棵地搬运到其他健康的松树而传染开的。

松材线虫病是松材线虫从健康的红松、黑松幼枝的伤口侵入开始发生的。松材线虫从枝条的表面开始向木质部移动，在主干中大肆繁

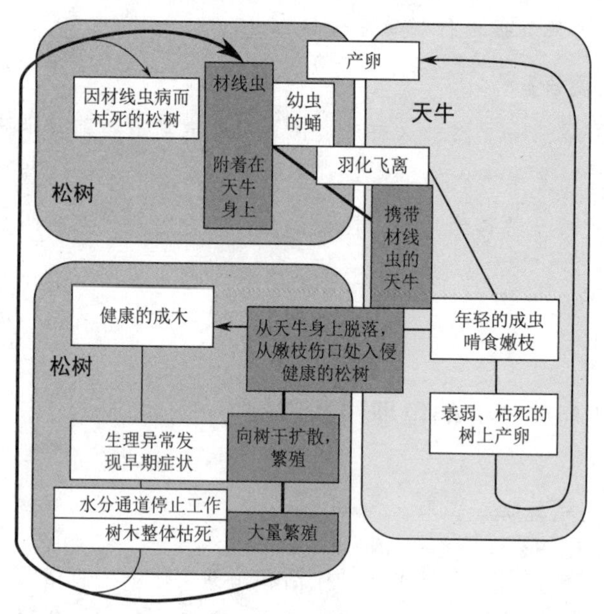

图 6.11 松材线虫病的发展与宿主、病原、载体的关系

资料：引自龟山统一《森林病理学的现状与展望》，日本的科学者，No. 399，2001

殖，破坏松树的管胞水分通道的功能。松树感染几个月后全树的叶子会变红枯萎。枯死后的松材长出菌类，松材线虫靠吃菌类进一步繁殖。枯死的松材中各种各样的昆虫也会侵入，其中之一就是松墨天牛。它在枯死的松树干上产卵，在幼虫、蛹的阶段生活在枯死的树中，而枯死的树干上附着着大量的松材线虫。松墨天牛第二年春天脱蛹成虫、成虫吃健康松树的新枝，此时身体附着的松材线虫掉落，从新枝的伤口侵入松树产生新的感染。

为了防治松材线虫病，人们采取伐倒驱除（伐倒病木后或喷洒药剂或熏蒸或燃烧，杀死木头中的松墨天牛幼虫）和喷洒农药（为了使松墨天牛的密度降低，在其脱蛹成虫时期在健康的松枝上喷洒杀虫剂，利用直升飞机等从空中喷洒，或使用动力喷雾器等从地上喷洒）的措施，投入高昂的国家资金和地方政府预算，全力进行。进行特别

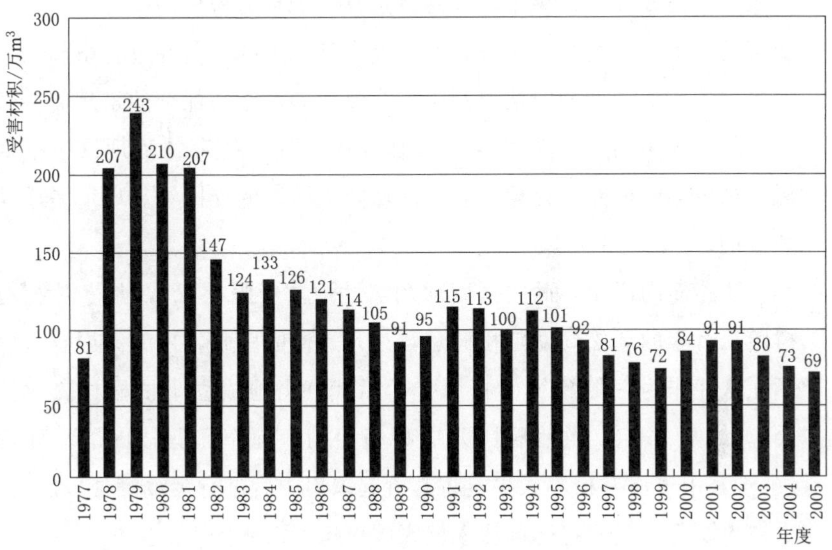

图 6.12　全国松材线虫病受害量（受害材积）的变化

防治（从空中使用直升飞机喷洒药物），要按照严格的标准选择松林，充分考虑保护自然环境和生活环境的同时，采取必要的措施减少对农业和渔业的危害。所用的药剂，要根据《农药取缔法》，使用经过检查安全性得到确认的登记农药。在松树集中分布的地区，持续多年进行伐倒驱除和喷洒农药的话，此病害较大程度上能够得到控制。然而，如果经费的增加迟缓而不足，导致驱除作业滞后，一部分枯死的病树不能及时处理，则效果急剧降低。而且，喷洒农药要和伐倒驱除并用才能达到期待的效果，但简单地依赖农药和在不适宜的场所、用不恰当的方法喷洒等也时有发生。

松树大批量集中枯死的最早记录是在 1905 年。第二次世界大战以前，虫害从九州向西日本各地扩大，损害大增。20 世纪 70 年代后半期，东海、关东地区虫害也在扩大，损害激增。松材线虫病难以控制的原因是，原本日本没有松材线虫，是外来病原体。对于据说从北美传过来的松材线虫，日本的松树不具备抵抗力。日本国内的研究机关从受害地残存的松树中，开展筛选具有抵抗力松树的研究，取得了切实的成果。已经有地区开始生产具有抵抗力的松苗并进行植林。今后推进落实综合性的防治对策十分必要，如对必须保全的松林需要切实开展病虫害防治，为了保证松林健康而进行的森林治理（包括病树、枯树等的清除、处理）和对区域防治活动的支援等。以下是成功的事例。

淡路岛的西岸，面向播磨滩的名胜地“庆野松原”，是一片拥有树龄几百年的老松到幼龄松树总数达几万棵的白砂青松的海岸林。为了让这片作为区域象征的松原传给后代，当地成立了“松林美化协会”。之后每年，当地居民开展种植松苗、除草、剪枝、枯木处理（由于其中也许有松墨天牛，将其拾起来集中后进行焚烧等处理），树干注入农药（提前将药剂注入健康的松树，杀死侵入的线虫，防止其繁衍），土壤改良，海岸清扫等活动，减少松材线虫病的灾害取得了令人瞩目的实绩。

在秋田县象泻町，为了保护名胜地九十九岛的松树制定了在全国稀有的《防治啃松虫保护村町条例》。条例中将此前由町政府一手负责的防治职责分解到町政府和个人，在可行范围内的防治和植林由居民们自发地进行。而且，对协助工作特别突出的居民，町政府进行表彰。松材线虫病防治需要居民的密切协助，町政府与居民们同心同德共同守护松树。

纠结的事例（松材线虫病害防治）

出场人物

E先生（56岁）：Q县造林课长

F先生（48岁）：Q县造林课林业技术班长

H先生（40岁）：Q县造林课工程师

G先生（35岁）：自然保护团体会员

日本的松材线虫病害从九州、西日本向关东、东北扩大。邻县的红松几乎全部枯死，最终位于县境的 R 町发现了少量松材线虫病，此事从当地的 S 森林协会通报到 Q 县政府的造林课。造林课根据国家的指导，为了预防 R 地区的松材线虫病，决定实施空中喷洒。

县造林课的 E 先生在第二天清晨的空中散布实施前，向同课的林业技术班长 F 做了交代。

课长 E："F 君，松树枯死的原因，已经知晓是松墨天牛和松材线虫共同作用的结果，所以瞄准天牛脱蛹成虫的时机实施空中喷洒杀虫效果高，做得好的话，这个区域的松树就不会枯萎，要小心细致地实施，避免周边出现投诉。"

班长 F："国家的方针和指导以及国库的补贴都有，与其他县相同，本县也要实施药剂喷洒，我想这要作为当然的义务来理解。但实际上，明天实施喷洒的松林是否是必须使用直升飞机进行空中喷洒、花费大量经费来保护的松树，也不是没有疑问的。确实像传染病一样松树的枯萎正在蔓延，但松林所有者们差不多到了死心的境地，松材价格已下降到低得不能再低了，所以他们觉得松材线虫病的防治做或不做都无所谓，觉得好像只是县里单方面在折腾着。"

课长 E："即使 F 君这么想，但我还是认为，你明天将负责地实施作业。昨天，我这里有一封来自自然保护团体 G 会员的投诉信，信中说'空中喷洒药品，不只杀死松墨天牛，其他昆虫和微生物也会被杀死，破坏生态系统。到了像松墨天牛那样的大型昆虫吃了喷撒了杀虫剂的小树枝都会死的地步，其他的特别是微小的昆虫类，接触到药品就难免不死。可以想象吃了被药死的小昆虫的其他昆虫，因此也会死。喷洒杀虫剂，不但杀死生物，对人体也有影响，产生社会问题。因此必须立即停止喷洒杀虫剂'。我们明知当地的居民担心农药对人体的不良影响，不希望喷洒农药，却不得不实施空中喷洒，这是当事人感到辛酸的地方。在这种情况下，考虑确实喷洒的是农药，也担心对人体的影响，因此安排在居民外出前即天亮前的短时间内实施。实施前一天，向居民们发布了喷洒时间段内不要进入该区域的协助请求。”

班长F：“可以进行空中喷洒和地上喷洒的场所和时间是有限的，在松墨天牛脱蛹成虫时期，只进行明天早上一次的农药喷洒，松墨天牛并不会大幅度地减少。我想还不如重视在早期去发现受害的松树，及时将病木伐倒驱除为好，但为实现这一点必需的人员和预算无法到位，我感到很遗憾觉得非常被动。怎么做才好，想向县政府的同事和市町村的负责人咨询，必须采取真正能提升效果的办法，但很可悲的是，每天被工作缠身还没来得及向同事们咨询。”

造林课工程技师H：“我知道课长、班长非常辛苦。毫无疑问松材线虫病防治的原则是除去枯死的松树，并进行细致的松材线虫灭除工作。但是国家和县政府认为枯木灭除人力跟不上，经济上也不合算，希望通过空中喷洒农药来了事。在最初的只有两三棵枯死松树的阶段，彻底地进行枯木灭除的话，第二年就算有枯死的松树，肯定也就是两三棵。认为初期阶段的防治在经济上不合算就那么放置不管，恶化到无法解决的程度之后，还是说经济上不合算要采取空中喷洒，没有比这更矛盾的说法了。大家内心都认为与花费好几千万日元进行空中喷洒相比，在初期进行枯木灭除肯定是合算得多，但最终这件事在课里讨论的时候连提都没有提起，总之就是空中喷洒。”

班长F：“H君说的有道理。但现实中在深山里，把枯死的松树一颗一颗伐倒、清除、灭除的话费用会增加，经费不能到位，结果就那么放置着。并不是说这没问题，所以想思考怎样设法建立松树的保护体制，但还没有好办法。为了使松墨天牛无法侵入、栖息，也有在一颗颗松树的主干施用注入剂进行灭除、预防的方法也有。这种方法对环境的负荷也小，应该积极地推进。但是，药剂注入每隔3～5年就要进行一次，一棵要花数万日元。由于经济上无法承担如此高的费用，林农们希望造林课能向林野厅和县知事请求，由公费负担全额的费用。由于没有经费，必须采取的措施无法实施，这种屈服于现实的情况，作为公务员会被指责为怠慢无能，心里难受啊。”

【思考与调研】（松材线虫病防治）

（1）Q 县的造林课中，也有人认为花钱防治松材线虫病是一种浪费，县林业工程师 F 先生和 H 先生，思考着应该怎么做的同时，为了履行职责还是致力于松材线虫病的防治工作。试着将县造林课林业技术班长 F、造林课工程师 H 的伦理纠结，分类整理成文。

（2）还有，Q 县造林课对药剂喷洒抱有疑问，没有充分的信心来说服那些担心接触药剂、反对喷洒的居民。接下来该如何做才好，请考虑。

道路、林道建设

道路有《道路法》中规定的一般国道、高速汽车道、都道府县道、市町村道等。除此之外，根据《林道规程》还有林道。林道是汽车行驶的车道这点没有变，只是工程费用负担者、维护管理者与前者不同。

林道和道路对森林所有者、林业劳动者、林业相关人员来说，是不可或缺的基础设施。为了尽可能缩短步行距离，为了用机械替换重体力劳动需要运输机械，林道的开设都是必需的。还有，林道、道路不只是木材生产所需，进行森林的管理养护劳动时也是必要的。然而，问题是伴随着 1997 年《环境影响评价法》的颁布，设定了林道开发时需要进行环境影响评价等评估，但实际上，业主的责任是以工程开工为前提，评估只是走个形式，各地的森林破坏仍在不断加剧。

山区的居民，不管是在生活上，还是在农林业生产上，抑或是在其他行业工作，总是希望道路变得更方便，哪怕多一点也好。但是，会给环境增加很大负担的道路建设必须避免，建了没有意义、不怎么使用的纯属浪费的道路不应该建，这作为一般原则大家也能够理解。林道建设一方面要在尽可能不影响环境的工法上下功夫，另一方面要确认是对区域居民有用的道路，这是着手开设时必须做的。

作为新一轮全国综合开发的一环，林野厅在1970年将具有丰富森林资源的覆盖面广的区域定位为“大规模林业圈”，提出了大规模森林地带的开发构想。其要点是，①建设大规模林道、交通网，吸引其他产业；②大规模扩大造林；③完善森林观光娱乐设施；④吸引木材关联产业。经过基础规划调查后，从1973年开始建设大规模林业圈林道工程（全宽7m，双线铺装路面，全国7区域29条线路）。但是却遇到了财政危机的时代，原本应该仅仅是为了实现当初构想的手段的大规模林道建设却成了唯一目的，森林开发公团（现改名为绿色资源机构）成为项目主体负责实施，接受国家的补贴，到2002年建成了相当于规划54%的1171km的林道。

为了开设道路、林道，建设促进派开始了舆论造势，如“该道路的开设是区域居民的迫切愿望”“新的道路新的梦想”“使用环保工法将对环境的影响控制在最低限度”“道路建设与活跃区域经济关系密切”“为今后的汽车社会构筑交通网”“开发新的观光地”等。只要反对派和自然保护派发起运动的话，与其对抗的推进派的活动也活跃起来。例如，当地町村的建设促进签名活动，以町村长为代表的建设推进团体的名义，地方政府抱团，通过町内会和各种团体有组织地进行征集。其中也有反对建设道路、对不惜破坏区域自然环境建设道路抱有疑问的人，但在以町村长为首的地方政府抱团进行的建设促进运动氛围中，要表明反对意见十分困难。

纠结的事例（道路、林道建设）

出场人物

J先生（60岁）：M森林开发公团事务所所长

K先生、L先生（45岁、43岁）：I县林务课林业工程师

M先生（70岁）：I县N町町长

林野厅的特殊法人、M 森林开发公团（现改名为绿色资源机构）约 20 年前开始推进建设的位于 I 县的“大规模林道”，只完成了 20%就不得不停止了。日本在国家层面，至今还坚持其“有利于木材生产和森林观光娱乐活动”，实际上却没有对其工程的费用和效果到底如何进行过计算。结果，以看不到投资效果为由，只留下花费了约 70 亿日元的总长 14km 的林道的碎片。

林野厅事实上已决定 I 县的大规模林道停工，尽管仅完成 20%，但 M 森林开发公团事务所所长 J 先生却在记者会见时辩解道：“我们在工程开工的时候，尽可能减少对环境的影响，慎重地应对是理所当然的，森林内的道路、林道建设本身，是森林维护（新植、保育等）和管理（巡逻、病虫害防治、台风等气象灾害后的修复等）所需要的。至今在许多场合，虽然使用了林道的名称，但与以林业生产和森林维护、管理为目的相比，事实上以山岳观光等其他内容为目的的意味更强，也不得不承认事先的环境影响调查非常不充分。然而由于来自市町村相关人员和议员们的强烈的建设要求，就按照县制定的方针推进了。”

一直对 I 县的大规模林道建设进行指导的 I 县林务课林业工程师 K 先生说道：“当地的市町村成立了建设推进协议会，他们举着区域振兴的旗帜反复来表述请求，这才成功获准建设林道。对此自然保护协会的人曾批判道：‘林道开设的结果是给总部在东京的大建筑承包商和大土木建筑业者增收，当地的业者只能得到边角的工作。由于是在当地居民未参与下推进的工程，并非真正意义上的促进区域振兴。’尽管如此，人口过疏地区的公共工程还是滋润了当地经济，这也是事实。”

K 先生更进一步说：“我的工作就是推进林道建设，由此促进区域振兴，大前提是对当地居民乃至县民有益。跟我说‘并非真正意义上的促进区域振兴’，那么怎么做才行呢？真是太难了。总之，我想我还是先按我的工作要求推进林道建设吧。”

与K先生同是县林务课林业工程师的L先生也说："通常的林道国家补贴为40%～50%，而大规模林道国家负担85%的建设费用，市町村的负担非常轻，因此当地的人们当然希望尝试加入这个计划。但是关于路线的选定等事先的规划并没有征询当地意见，只是从上往下推进由林野厅单方面设定的规划，这是问题的症结所在。我想应该更早地从规划阶段开始，更多地听取当地县和町、村的意见。不单是这件事，我们平时总是简单地应对从上面压下来的工作，也必须反省我们的日常工作。"

K先生又补充说："我就连将当地人们的实际情况和愿望向县和国家的上层传达，以便解决问题的勇气都没有，对此觉得自己十分无能窝囊。然后，又觉得不仅仅是自己，当地相关人员和市町村长，以及居民团体、组织都不作声。"

L先生说："当地，尤其是交通不便的人们，对道路建设的愿望十分强烈。为了林业、农业、观光开发，以及生活所需等，不管目的是什么都具有强烈的建设愿望。从当地居民的观点来看，总归还是希望建设道路。但是，从林业工程师的角度来看，我认为，一开始就必须对当地强调，大规模林道建设的补贴项目必须限定于将各地连接成广阔的交通网的一环。否则使用限定于林业的预算去建设超出范围的项目，被人说是浪费国家资金也无可奈何。"

当地N町町长M先生对工程终止的决定感到很遗憾，他说："本町曾经遭受过空前的大灾害，从那次得出教训，为了灾害时不成为陆地上的孤岛，无论如何都需要贯通南北、越过山峰的林道。但是，并非允许偏远地区森林的自然环境破坏，对我来说，不如说是选择了保全养护的道路。林道工程如果能使用最新的技术，我相信能够修成环保的道路。大规模林道具有的通往自然体验、自然学习场所的功能和保障广域交流及生活的功能也十分值得期待。"M先生的话语中表达了对工程再开可能性的期待。

K先生想的跟M先生所说的一样，但他认为长达10年以上的自然保护运动团体的大规模反对林道运动，迫使 I 县林道工程终止这件事，是新时代到来的标志。

【思考与调研】（道路、林道建设）

（1）对负责林道开设的林务课林业工程师 K 先生和 L 先生可能产生纠结的问题进行梳理，试着分条整理成文。

（2）反对道路建设的团体，对某个道路开设对象的区域实施了居民问卷调查，结果表明反对意见没有过半数。这个结果原原本本公开的话，对反对运动将产生负面影响。关于这个结果必须公开或不能公开，反对运动团体内部产生了对立。你对公开这个结果是赞成还是否定？论述其理由。

鹿啃食灾害对策

近年，由于野生动物造成的人造林木受害面积增加，其中 6 成都是由鹿啃食造成的。

地球环境的变化在这里也有所表现。即，由于伴随全球气候变暖温度上升，积雪量减少，成功越冬的鹿个体数增加（饿死、冻死数减少）。而且积雪量减少，鹿可以越冬的地方扩大也使其总数增加。为了培育成人工林，皆伐阔叶树之后，林地上的草一齐变得繁茂，鹿的食物源增加，使得鹿个体数增加。此外，狩猎人口的减少，被射杀、捕获的头数减少，使得野生动物的数量增加。全球气候变暖和野生动物总数的增加，正是因人类而起的现象，人类要负重大的责任。

鹿啃食危害具体地说，鹿吃人造林的枝叶和树皮，公鹿的犄角摩擦导致树皮剥落，争地盘行为造成踩踏和撕扯等使受害树木无法成林而枯死。鹿的啃食强度高的地方，草的高度像被割过的草坪一样矮，树木较低的枝叶被啃食而枯萎，形成独特的树形。更低矮的树木则枯死，第二代的更新基本不可能。林地中，只有鹿不喜欢的植物种类和对鹿的啃食危害有抵抗性的某些种类（石松等）存活下来，植物的种群数明显减少。由鹿导致的下层植被的啃食灾害，导致土壤流失加剧，以至于林地的表层完全被破坏的情况也时有发生。鹿的啃食灾害，不只限于森林，还波及到耕地和农产品。

也有人认为鹿的啃食危害，原本就是因为人类制造了特定的环境条件而导致的，因此最好不要只靠射杀鹿来减少其总数，而应该思考通过分栖共存等寻找人鹿共生的途径。

但为了人与鹿共生进行分栖共存非常困难，实际上也没有场地能够进行分栖共存。同时，进行分栖共存限制了鹿获取饵食，其结果鹿会被人为地饿死。这确实会让人良心不安，但是人类破坏的平衡必须由人类来恢复。因此，不得不通过射杀鹿来控制其头数。

尽管所费不菲，林农们也不得不采取在树木上铺设防护网，设置将林地围起来的栅栏等防护对策。但是，在全部的树木上铺设防护网是不可能的，而且防护栅栏如果不时常进行修补，经过几年鹿又会侵入。防止鹿啃食灾害还是有待于开发出效果更好而价格便宜的防鹿栅栏以及设置对森林所有者的补助支援。

由于缘于鸟兽的灾害不在森林保险范围内，也没有其他救济措施，受害了也只能眼泪往肚里流，林农们渐渐地不想花时间在林业上了。而且遇到野兽侵害的话，则是生活都无法保障的生死问题。人鹿能够共生当然好，但实际问题是，现在说这话不合时宜。由于鹿的增殖已威胁到林农的生活，希望进行驱除是他们的心声。

20世纪90年代后半期以来，日本山区的居住人口不断减少，农林业就业人口占全口径就业人口的比例下降到全国均值的6%。山区的农林业生产活动一而再再而三地不断萎缩，进而野生动物总数增加的同时农林业的受害也不断加剧。鹿啃食灾害问题严峻，但应对则是极为困难的。

纠结的事例（鹿啃食灾害对策）

出场人物

R 先生（68 岁）：V 县 P 森林协会会长

S 先生（45 岁）：V 县林务课的林业工程师

T 先生（40 岁）：自然保护团体会员

U 先生（56 岁）：V 县林务课课长

V 县 P 区作为林业地带，杉树、柏树的人工林业曾经十分繁盛，但现在并不偏僻的人工林也越来越多地遭受鹿和熊的啃食灾害。还有，已经生长了 30 年、40 年的很好的杉树，也因树皮被吃光而受害。这在 P 森林协会的理事会上成为话题，协会决定通过 V 县的林务事务所，向县政府的林务课提出希望妥善处理的要求。

P 森林协会会长 R 先生来到 V 县政府，对县林务课的林业工程师 S 先生诉说“鹿的啃食灾害，不只使得人工栽培的幼龄木，连成材林也受害枯死。鹿的存在对林业没有任何作用，希望政府采取大幅地减少鹿总数的措施。”但是，实际上昨天 S 先生从自然保护团体的会员 T 先生那里听到这样的意见：“鹿的啃食灾害原本是由于人类活动的结果造成的环境条件导致的，不宜单方面减少鹿的总数，希望县里考虑可以与鹿和谐共生的途径”。所以 S 先生正考虑着能够做些什么、如何做才好。

因此 S 先生今天先对森林协会会长 R 先生说：“由于自然保护团体等反对减少鹿的总数，这件事并不能简单地实现。县里也正在考虑着能做些什么，希望稍微等一等再说。”请他先回去。

S 先生思量着，“现在，正在考验我们如何应对，但遗憾的是实际情况是还不得不让受害者们忍耐着。确实，对于自然保护团体会员 T 先生的提案：‘由于人工针叶林内没有结种子和果实的树木，林内光线晦暗，下层植被不茂盛，所以可吃的东西不多，对野生动物来说环境并不好。为了鹿等野生鸟兽，应该想办法将针叶林改造成针阔混交林和阔叶林，恢复森林的丰富性’，这有必要认真考虑。”

S先生就此事请示了县林务课课长U先生，课长却给了他忠告：“若接受将针叶林恢复成阔叶林这样的提案，等于是承认国家和县政府推进的扩大人工造林的政策失败了，并宣布纠正，因此还是慎重地考虑吧。”

由此S先生继续思忖道：“扩大造林，也即推进针叶树人工林化，是迄今为止前辈同僚们实施的，并不是最近入职的包括自己在内的这一批新人的责任。但是完全将责任推给前面的人也不太好。”

S先生在那数日后想到，如果将种植针叶林进行木材生产的经济林与野生动物能够栖息的非经济林区分开，分栖共存的话如何？并做了提案。他请示U课长，课长回复说“国家和县、市町村的公有林地根据情况可以考虑，但私有的林地无法实现”，因此没有被采纳。

对林业工程师S来说，自然保护团体会员T先生下面的提案，具有一定的合理性：“鹿总数的爆发性增长，对其本身的生态系统也会产生重大影响。如果增大到破坏生态系统的程度，鹿整体的营养状况将恶化，有可能出现迅速灭绝的危险。为此，对维持鹿的生态系统适宜的鹿的总数进行管理，制定以此为目的的《鹿保护管理计划》，各地区政府之间携手合作有计划地捕捉鹿，谋求鹿与森林的共存”。然而这无法让遭受鹿啃食灾害的农民和森林所有者认同。S先生的苦恼还在继续。

【思考与调研】（鹿啃食灾害对策）

将阔叶林转换成针叶人工林进行木材生产的林农，与主张维持阔叶林保全生物多样性的自然保护运动团体之间的意见差异中，致力于鹿啃食灾害对策的林业工程师S产生了心理冲突。请将S纠结着的事情和现象分条整理成文。

（笠原義人）

6. 基础设施建设的伦理纠结事例

背景

水田开发

日本的农村，长期以来延绵不断地对大地与水域进行改造。例如从 400 多年前的战国时代开始到江户时代，在冲积平原和盆地的低湿地不断进行水田开发，开凿灌排渠道，水田面积急速扩大。这个时期甚至被称为“大开垦时代”。不仅如此，从奈良时代直到 1960 年左右，只要条件允许，开垦水田、开发水利、种植水稻以确保大米供应，在日本的所有地方都是理所当然的事。过去是为了应对农村人口的增加，近年是为了满足都市居民的需要。

从追求增产转向追求农作业的效率化

这种状况开始转变是在 20 世纪 60 年代。大米的自给目标达成，已经没必要再增加水田面积。此外，日本通过工业化积累了财富，大幅度地转向农产品进口的自由化，扩大了谷物、肉类、水果、牛奶等的进口。农村人口为了获得现金收入，青壮年和初、高中毕业生都到工厂和事务所、工地等谋求工作，农村开始了人口外流。也是所谓“空心化”的开始。

这时水田的基础设施建设也发生了很大变化，政府为了降低水田农业经营成本开始提倡农作业的效率化，即水田的大区划化，新设农道，灌排分离，便于机械走行的干田化等。1963 年开始的耕地整备事业（相当于我国的农田基本建设——译者注）一直持续到现在，日本全国水田的约 60%已经完成。

农作业的高效率化目的是降低大米生产成本，近年又增加了加强大米的国际竞争力的内涵。但是，以农作业高效率为目的的农田基本建设却产生了一些预想不到的问题。概括地说，就是水田水体中生物多样性的减少。

水田水体中生物多样性的减少

耕地整备，通过水渠直线化，从土渠变为混凝土衬砌渠道，实现了灌、排系统分离。有些排水渠还能常年有水，但灌渠只有灌溉期的短时间里有水。水田周围的湿地、泉眼被填埋。实施管道排水后，水田冬季的地下水位下降变成了干田。甚至，田埂的树也都被砍伐殆尽，形成了索然无味的田园景观。

对这种环境变化最为敏感的就是将水田及其周边范围作为产卵繁殖地以及生活环境的生物们。比如鳉鱼、鲫鱼、泥鳅、佛泥鳅、鲇鱼、田颌须鮈等鱼类，日本林蛙、施莱格尔绿色林蛙、粗皮蛙、东京达摩蛙、黑斑蛙、日本蟾蜍、红腹蝾螈等两栖动物，源氏萤、平家萤、田鳖、水龟虫等昆虫类。进而，捕食这些动物的虫类和鸟类开始减少。在有涌泉的水田地带栖息的短鳍类、刺鱼类动物的减少也很明显。在日本环境省（日本的省相当于我国国务院下的部——译者注）公布的灭绝危机物种中，以水田及其周边为栖息地的生物比比皆是。这是单纯追求农作业高效率伴生的必然结果。

与环境的协调

在即将迈入 21 世纪的 1999 年，此前的《农业基本法》修订成为《粮食·农业·农村基本法》。在《粮食·农业·农村基本法》中提出的 4 个理念中的第 2 个揭示了“发挥农业的多功能性”的重要性。其内容如下：

“除了出产粮食和供给农产品以外，农村还具有多方面功能（多功能性），如国土保全、水源涵养、自然环境保护、良好景观的形成、文化传承等，鉴于这些功能在国民生活以及国民经济稳定发展中所起的作用，将来必须切实充分地发挥其作用。”（摘自日本农林水产省《粮食·农业·农村基本法》）

秉承这样的理念，2001 年修订的《土地改良法》，规定土地改良事业中必须考虑工程与环境的和谐（第 24 条）。同年，为了防止弃耕、维持坡地的梯田和旱田，实施了条件艰苦山区的直接支付制度，还进一步制定了以农村空间为对象的《自然再生促进法（2002 年）》《景观法（2004 年）》。这些变化，说明人们认识到，水田地带和农村区域并不仅是私人的生产生活空间，而是给人们带来安乐和休养、能够保护国土资源、支持生物多样性的具有高度公益性的“场所”。

工程师的困惑

水田的耕地整备是长期以来积蓄了农业土木工程师力量的主战场。由于农业土木工程师扎实地完成了耕地整备的规划、设计、施工，他们从年轻时代开始就在第一线锻炼了技术能力。这里所说的技术能力，其内容主要是指建设高效率的水田、机耕道、灌排渠道的技术能力。但是，《土地改良法》将工程与环境和谐作为工程原则后，高效农业与生物保护难以两全，由此产生了新的问题。

许多人也许认为，使用考虑到生态的新技术就可以了。但是，应该把哪些生物作为保护的对象？假设保护的对象确定，与这种生物的生活环节相关的环境该如何确保？为此要使用什么样的工法？工程完工后，考虑生物保护的维持管理该怎样进行？工程和维持管理的效果，应该怎样监测？原本，工程师要兼顾农作业的高效化与生物保护，需要考虑的问题牵涉到很多方面，过去的技术大多数已不能适用。这对于传统意义上的工程师来说，是关系到他们职业生涯的问题。这里所举的例子具有这样的背景，希望能够引起读者的注意。

更进一步地说，法律变化了但却存在诸多问题，如相关联的制度没有变、新的必要的调查经费和人才准备不足、协调复杂的利害关系的办法不透明，时间不充裕等。也即旧系统向新系统过渡的过程中切换不充分，产生各种各样的不协调，越是在第一线负责的工程师苦恼也越多。模式转换（从一边倒追求高效农业，向兼顾高效农业与生物多样性保护转换）中，往往会发生这样的事。从下面的例子，希望能解读这样的困局。事例中的那须梅花藻是一种虚构的植物（那须为日本地名——译者注）。

纠结的事例

出场人物

S先生（63岁）：耕地整备的推进者，受益农户

T先生（50岁）：当地的植物爱好者

U先生（30岁）：现场第一线的农业土木工程师

W先生（45岁）：U先生的上司，管理岗位工程师

T县N市A地区

这里是T县N市低丘山区的A地区。古代是作为参勤交替［藩主（地方武士）轮流到江户城（东京）奉使——译者注］的驿站城而繁盛。目前当地主要的产业为农林业，最近也毫不例外面对老龄化快速进展的局面。农家子弟许多都在城市中找了工作，离开家乡移住城市。剩下的几乎都是兼职农户，即使有继承人，年轻人们也是到附近的U市和K市工作。所以，种水稻的主要是老年人，往后谁来继承，大家都惴惴不安。

希望推进耕地整备工程的农户S先生

这个地区约20年前，曾经提起水田的耕地整备之事。当时，由于每户农户只有0.5hm^2的耕种面积，担心机械化困难，地区内农户没能达成一致。但这回情况不同，将土地集中到“农业承担者”手中并将农业经营交给他们，没有继承人的农户也能将田地作为财产继续持有。这种做法对农户具有吸引力。每次县里的负责人U先生来村民馆宣讲时大家都会问。

“农户负担多少？”

“将土地交给农业承担者的话，农户负担工程费的20%，很合算。而且，由共同让地多出来的土地，县或市卖了充做一部分费用的话，农户负担就极少了。”

这种情况下大家都想做了。因此，马上成立了耕地整备工程推进

委员会。

最后规划图做出来了，标出了耕地的区划和道路、水渠的大概的配置。

“我的水田从五处合到一处，太高兴了。”“嘿，好啦，这样我们的田地就可以留给子孙了”大家欢欣鼓舞。问题是“农业承担者”还没有完全落实，经营整个村落的土地需要 3 个人，已有 2 个人报名，还有一个人未定。如果不想点办法，工程就没办法进行。大家的担心仅仅在这点上。

正在这时候，当地的植物爱好者在规划工程区的水渠中发现了稀有的植物。还有某个有名的专家也建议说“那好像是新品种，就以发现场所把它命名为‘那须梅花藻’吧”。地方报纸也进行了连日报道。

农户 S 先生想：“平时看了也没感觉的水草，却是其他地方没有的新物种，坦白地说大家都大吃一惊。A 地区已经很久没有成为话题的主角了，这回沾光了。我们很自豪，也有天赐了宝物的感觉。”

但是，想想耕地整备的事，“出了这种意外的事。好不容易形成的对工程的热情也许会冷却下来”“那须梅花藻不能当饭吃。如果它的保护需要花费功夫的话，这个越来越老龄化的地区，该如何发展呢”S 先生翻来覆去地想，每晚都睡不着。

【思考与调研】

（1）农户 S 先生对宝物的发现虽然感到高兴，但这也成为他纠结的原因。为何 S 先生产生了纠结？

（2）查阅关于珍贵动植物保护相关法律（《关于濒危野生动植物物种保护的法律》）和濒危物种（《日本版濒危物种红皮书》）。

当地的植物爱好者 T 先生

植物爱好者 T 先生立即注意到那是一种不同寻常的水草，因为其叶的形状与其他梅花藻不同。T先生很快将标本送到在这方面因权威而知名的大学老师那里。老师判断有可能是新物种。T先生知道这个结果后真的非常高兴：

"那一带保留了非常好的环境，水田旁边的水渠也是很久以前就有的土渠。水源是山上流下的泉水，渠道中一年清流不断。这是因为本地没有进行大幅度改变环境的开发，那须梅花藻才生存下来的吧。这是本地区的骄傲，大家要切实地守护它。

"但是，也有担心的因素。听说生长那须梅花藻群落的水渠，最近将被耕地整备工程所破坏。我们已经受够了所谓开发，有多少生物，由于道路和房屋的建设而消失啊！如果没有人代替不会说话的那须梅花藻出声的话，那么它也将会消失。新的植物种，并不是哪个人的，而是人类共有的财产。所幸有几个人对那须梅花藻很关心。大家齐心协力要求保护新植物的生存场所。但是农户们不好对付。我们去调查的时候，怒视着我们，'什么新品种。也不想想给人添了多大麻烦，不受欢迎的人'。

"试想，自古以来保护了水渠和涌泉的是农户们，那里的花草如果没有农户们的配合也将无法留存下来。我们是外人，说我们是敌人也无可奈何。如何才能得到农户的理解？如何才能够和农户们一起携起手来开展保护活动？光说'自然的保护很重要'起不了作用。也许需要改变我们的思维方式。怎样做才好呢？"

【思考与调研】

(1) 农村的水渠，原本是为了水田的灌溉与排水而建造的，为了维持其功能，利用者们（主要是农户和当地居民）成立了用水协会来管理。但是，水渠在许多场合，除了灌排以外，还具备饮用、防火、蔬菜和农机具洗涤、景观构造、生物保护等多方面的功能。请对这样的水渠所具有的各种功能做一个调查。

(2) 植物爱好者T先生知道现实上只高喊自然保护完全没用，

面临了新的困境。"现实上完全没用"指什么，请考虑。

现场中负责耕地整备工程规划的工程师 U 先生

县内平地的水田大部分都已完成了耕地整备。于是，最近像 A 地区这样的山间的水田和梯田成为工程的主要对象。考虑到这里与平地相比成本高、形成大区划困难、农户的老龄化等因素，工程要得到大家的同意需要做很多辛苦的工作。寻找农业承担者也是艰难的事。但是 A 地区成立了推进委员会，树立了工程的目标，辛苦的工作得到了回报。

工程正要开始时被半路杀出的那须梅花藻困住了。规划中当然包含排水渠与河流接续，设置生态系统保护空间等考虑环境保护的措施。但是，如果是保护那须梅花藻，那情况就完全不同。必须从根本上对环境保护进行再规划。

实际情况是，环境保护措施在农户中评判不好。农户们发问，"保护生物的费用，为什么要我们来负担?"

被他们这么说，U 先生都没法认真地进行生物调查。说是环境保护计划，其实就是个虚名，连能够保护什么样的生物都不清楚。本来在有限的预算中，要得到工程效果的话，水渠的硬化和沥青农道的建设是必不可少的。

如果要保护那须梅花藻，就必须重新做生物环境调查，修改现在的规划。没有时间，没有预算，农户也不高兴的情况下，那么应该怎么做呢?

【思考与调研】

（1）工程师 U 先生，作为耕地整备的现场负责人，具有保护那须梅花藻的使命感。但是可以预见农户们的反对和种种障碍，因此感到困惑。请整理 U 先生所面临的困境的内容。

（2）请调研耕地整备中的环境保护事例。

耕地整备管理岗工程师W先生

《土地改良法》2001年将耕地整备工程中“兼顾与环境相协调”作为必须履行的责任，至今已有5年，并已开始逐渐付诸实施。因为是法律规定，推进实施是理所当然的。但是严格落实的话，工作就无法顺畅地推进。加之县政府不断减员，一线工程师的时间越来越不够用。

那须梅花藻“事件”的发生正好赶在这个时间。部下U先生面容严峻地来向W先生咨询，“规划的时间能否延长1年，如果可以的话，也许能找到那须梅花藻的保护方法”。

老实说，U先生的心情W先生也理解。如果依照不负责任的规划推进整备工程，形成无法回头的境况时将后悔不迭。但是W先生的职责是尽早推进工程。当地的农户也希望这样。于是W先生这样回复，“考虑一下暂时的方案，在规划图上对现在的规划进行调整，就说这样那须梅花藻就可以得到保护。后面接着还有工作等着，不可能推迟1年”。

U先生总会做点什么吧。这就是工程师。大家都同意的工作基本是不可能有的，所以说服别人在某个方面做点妥协也是工程师必须有的能力。

约1个月后，U先生又抱着规划图来咨询了。“那之后，我拜访了好几位专家，希望能找到保护那须梅花藻的办法。但是专家们异口同声地认为必须进行生物环境调查。我还是希望根据基础数据变更规划。”

W先生认为，正因为U先生是青涩的工程师，所以才困惑。有意义的工作和实际可能做的工作是两回事。有制约因素是很正常的。在这种制约下，现在能考虑到的最好的方法是这个，清晰地下结论并开展工作这才是公务员。U先生不知道这点，所以要去听专家的意见。幼稚，幼稚。因此W先生做了如下指导。

“这是县负责进行的县营工程。倾听各种意见虽好，但最终县却不得不负这个责任。工作时充分考虑县里的情况才是公务员。所以，你要无视外部不负责任的杂音，只考虑规划图的更改”。

W 先生虽这么说着，但最近脑海中不断浮现“公务员的责任是什么”的疑问。至今为止县的工程多少有一些是失败的，也都在内部含含糊糊地处理了。就算由于工程造成那须梅花藻灭绝，也不会由谁来负责。县不是人格意义上的人，是组织，因此不会追究个人的责任。仔细想想，这就是无责任体制。最近的变化是，社会上要求县政府遵守法令、说明责任、公务透明等。现在的时代很麻烦，但拿着纳税人的钱做事也没办法。从说明责任的角度来看那须梅花藻事件，W 先生对 U 先生说“无视外部不负责任的杂音”也许就错了。但是那又要怎么指导才好呢，W 先生越想越糊涂。

【思考与调研】

(1) 管理岗工程师 W 先生和工程师 U 先生内心纠结的内容不一样。在梳理 W 先生的纠结的同时，思考两人的纠结为何不一样。

(2) 如果，你是 W 先生或者 U 先生，你会尽怎样的职责。其时，伦理意义上考虑的行动规范和判断基准是什么？

（水谷正一）

7. 机械制造与使用中的伦理纠结事例

背景

日本自 20 世纪 60 年代就开始积极地推进农业机械化。日本的水田耕地，与欧美的旱作农业相比较，以年降雨量大（1500～3000mm/年）、田块小、10～15cm 左右的耕深、修建和保持水平度的田埂和犁底层等为特征。因此，在农业机械化的初期阶段，日本的水田耕地中，像欧美那样利用大型农业机械和作业机是困难的，因为这需要以大规模旱作耕地的利用为前提条件。于是，许多拥有小规模田块的农户，为了顺利地从利用畜力向利用机械转化，首先从手扶拖拉机的普及开始，推进机械化。随后更进一步地，通过开发与引进能够控制土的反转方向的“松山双用锹”和能够以高效率进行水田耕耘与耙田的“水田专用旋耕机”等与日本独特的社会条件和农业条件相契合的农业机械，促进了日本的农业机械化。

此外，为了提高粮食生产效率，要求农业机械能够完成将农药和化肥等农业资材高效率地投放到耕地中的任务。其结果，使用装载在拖拉机上的大型喷洒机和通过飞机和直升飞机进行农药的空中喷洒，成为引起农药过量喷洒，和农药向耕地外漂移（drift）问题的一大原因。而且，在推进大规模农业的欧美的旱作农业中，发生了大型农业机械频繁地在耕地中行走造成土壤固结（soil compaction）、过多的耕耘造成肥沃的表土流失等问题。

现在为了解决这些问题，国内外农业机械相关企业、研究机构等，都在持续地致力于农业机械的改良。例如开发能够将农药的喷洒量和由于风引起的漂移控制在最小限度的农药喷洒技术，开发为减少土壤固结而减轻行走部位的接地压力的拖拉机，开发对作物生长所需要的表土进行很少部分耕耘的最小量耕作法（minimum tillage）所对应的耕耘机，并进行推广。并且，运用GPS（全球定位系统）、GIS（地理信息系统）技术，从农业机械在耕地位置的信息，就能精细测定耕地内的产量、土壤的状况，在考虑环境保护的同时，用最少的农业生产资料投放获得最大的产出，这种以追求经济效率为目的的精准农业已在全世界渐次展开。

农业机械的安全性

农业机械化不仅带来农业的省力化和效率化，最近还开始在重视人们的健康和环境保护的基础上推进其高性能化。但是农业机械化、

图6.13　进行耙田的乘坐式拖拉机

农业机械技术发展中也存在一些一直尚未解决的问题，例如农业机械的安全性问题。根据农林水产省《农作业事故调查（死亡个例调查表）（2004年）》，2003年农业机械作业中的死亡事故约有400件之多，其中与农业机械作业相关的事故共282件，占70.9%。而且，其中男性351件，占88.2%，死者为60岁以上的事故占80.7%。农业就业人口的高龄化过程中，高龄男性在乘坐式拖拉机中摔倒导致死亡的事例，可以说是典型事故。从1993年以后的数据来看，每年约400件事故的数字基本不变，其中的细项也没有变化。有报告称，农业机械安全事故的发生率是全产业的2.5倍。从农业就业人口的高龄化，以及从其他产业转行来的不习惯操作农业机械的农业新就业者的增加来看，注重农业机械的安全性是一个必须尽早采取对策的课题。

伦理纠结事例

出场人物

D先生（35岁）：农业机械制造N公司的设计、制造技术员

图 6.14 农业机械化研究所的研究人员正在讲述发展中国家农业机械厂家的现状

E先生（27岁）：农业机械制造N公司的设计、制造技术员

S先生（55岁）：农业机械制造N公司安全部部长

“又发生死亡事故了吗！原因是什么？”

农业机械制造N公司的农业机械安全部中，负责安全检查的技术员D先生，就今早报纸上看到的农作业事故的详细情况，正在打电话向T县农协的负责人询问。

N公司自行设计、制造、销售搭载了柴油发动机的手扶拖拉机、乘坐式拖拉机，以及安装在拖拉机上能够进行各种各样农作业的作业机。D先生从学生时代开始对农业机械技术和研究开发有兴趣，想从事与此相关的工作，10年前从地方国立大学的农学系研究生毕业后，入职N公司。N公司在农业机械制造商中，也是大型企业之一，一直为了设计、制造新型农业机械开展高水平的研究开发工作。N公司在 5 年前国家放宽对农业机械安全检查规定时，领先其他农业机械厂家，新设立了农业机械安全部，D 先生被分配到该部。农业机械安全部负责对 N 公司制造的所有产品进行安全检查。N 公司制造的农业机械，按照国家制定的农业机械安全标准进行设计、制造，但是 D 先生平时就对本公司制造的农业机械的安全性抱有疑问。

D 先生早上完成了对 T 县的农业机械事故原因的大致调查。下午，和部下 E 先生开始了具体的谈话。E 先生在结束了派驻亚洲的国外工作后分配到农业机械安全部与 D 先生一起工作了一年左右。谈话从今早的电话报告开始，谈到为了提高 N 公司的农业机械安全性应该怎么做才好。

D 先生说："最近正在销售的我公司的拖拉机中，几乎 100％都装置了被认为对防止跌落、跌倒有效的安全操纵室、防翻架。但是，我对其强度一直抱有疑问。这是因为，最近的拖拉机，为了适用于新的环保农业，在拖拉机上配置了各种检测、监测和控制装备，经常地进行产品更新，你知道的吧？因此，我们公司在和其他公司的竞争中，为了改进构造和控制燃料费，尽可能地减轻拖拉机的自重。其结果，我们公司的防翻架，由于受产品更新的影响，被极端地轻量化后变得很薄。"

E 先生回答说："这事我也知道。这是因为在我们公司农业机械安全部的评估试验中，已明确了如果受到某种范围角度的强烈冲击的话，安全架有从根部断裂的危险，然而这是国家规定的农业机械安全标准中没有涉及的。我们也知道，尽管安装了防翻架，但如果作业中没有佩戴安全带的话其效果是不明显的。"

D 先生继续说道："是这样的。然后，就算是向拖拉机外部输出动力的 PTO 传动轴和轮胎部分等的传动系统部分外露的拖拉机，只要满足现在农林水产省农业机械安全检查的合格标准，就能在市场上销售，这就是现状。我自从分配到农业机械安全部开始，就对日本农业机械安全性的现状开展了调查，不只是像拖拉机这样的农业机械，用于农作物收割后的干燥调制设备等也是，以成本与处理效率为优先，几乎没有考虑农业机械操作者的安全性。特别是，为了当地农作物的收割作业，急急忙忙地设计、开发新的特殊规格的收割机，由于是基于原有的开发设计，仍然把操作者的安全性放到了第二位。最近的各种产品，如果考虑到由于过于追求效率，在没有想到的方面却隐藏着大事故的可能性，我认为从现在开始，在产品生产中把安全性作为第一要素来考虑是非常重要的。”

E先生说：“我应发展中国家政府推进农业机械化研究的邀请，有幸得以了解亚洲国家农业机械的现状。在其过程中，深切地感受到发展中国家对农业机械安全性考虑的欠缺。一般来说发展中国家，相对于安全性高的农业机械，农民更倾向于需要价格便宜的农业机械。大概，发展中国家的政府，首先将国家的经济发展放在优先位置，而对也可以说起到刹车作用的对环境问题和对人们安全性问题的考虑则是非常消极的。不过我还是对当地的制造商指出了他们正在销售的农业机械在操作时可能存在的危险性。”

D先生问道：“指出了以后，他们怎么回答的呢？”

E先生回答：“当地的制造商回答说，‘那样的事根本没考虑’，‘与这个相比，大都市交通的鲁莽，在交通堵塞状况下不戴头盔穿来穿去的摩托车要比农业机械的操作更加危险’，‘农户基本上没钱，由于要购买昂贵的农业机械需要吃很多苦挤出钱来，所以我们有义务尽可能继续制造便宜的农业机械’，‘都是农户的操作技术不熟练而引发的事故，并不认为我们有责任，特别是也没有听到来自农业机械购买者的投诉’等等。”

D先生感叹：“这真的是太糟了。难道没有能够与农业机械操作者换位思考的技术工作者？”

就这样在讨论过程中，技术员D先生和E先生，对农业机械安全性开始有了共同的想法。

农业机械制造N公司，为了让在欧美正在成为主流的精准农业

(precision agriculture) 在日本也能开展，计划明年开始，将最近在日本才实现标准化的信息通信和农机的连动技术，引进到 N 公司的拖拉机和其他农机中。目前正处于为了引进这些技术而进行的拖拉机的产品更新期。抱着领先于其他公司，向社会提供重视操作安全性的拖拉机的想法，技术员 D 先生下决心要利用迄今为止农业机械安全部的研究开发成果，在新型拖拉机设计中添加包括以下 4 项改进，并就此向拖拉机计划开发部进行提案：①确保拖拉机防翻架安装部分的强度；②安装系好安全带后拖拉机才能启动的安全带装脱感应器系统；③安装发现异常声响发动机立即停止的紧急安全感应器系统；④安装利用手机终端的农作业中紧急信息通报系统。

D 先生在 E 先生协助下，梳理了这 4 项提案的内容，起草了计划书。为了尽快得到自己上司农业机械安全部长 S 先生的同意，他叩响了部长室的门。

部长 S 先生在认真地看了 5 分钟左右技术员 D 先生写的新计划书后，说“这个提案不采用”然后就沉默了。

D 先生马上就反问：“为什么？我公司设置农业机械安全部是为什么呢？难道目的不是为了减少农作业事故，减少由于农业机械引起的伤亡事故吗？部长肯定也知道以农业机械为原因的死亡事故一直没有减少。如果根据这个计划书设定安全标准，从近 4 年持续的实际田间试验的结果来看，以往的死亡事故有八成能够杜绝。请您一定在部长会议上提议，在这次的新型拖拉机设计中，让计划开发部按照这个安全标准来设计拖拉机。”

部长 S 先生考虑良久后做了如下回答：“年轻人，现在我公司有多大能力，这点你考虑过吗。过去，在日本推进农业机械化的时代，是只要制造了，都能卖掉。有一段时间，日本还积极地向海外出口设备。但是，东南亚的农业机械化不断进步，随着他们的工业部门掌握了技术，正如你也知道的那样，以往欧美不制造的既便宜又高性能的水田稻作使用的农业机械反过来从东南亚出口日本了。我公司虽然作为农业机械制造的大公司为世人所知，但经营却变得十分艰难，这一点你肯定知道。

“如果像20世纪80年代泡沫经济时候那样，公司里的资金比较充裕，这样优先考虑使用者安全的拖拉机设计也许可能实现。但是现在没有这样的余裕。而且问题是，这个提案不只是拖拉机本身，还牵涉到其他农机。如果拖拉机中引进这4个项目的话，装在拖拉机上的其他农机的设计也必须变更。从我公司正在制造的农机数目和种类来看，为这些设计变更需要花费庞大的成本。特别是，如果完全按照这个安全标准，拖拉机的价格毫无疑问要上升10%。”

D先生反驳道：“虽然农业机械价格高了，但如果确保了安全性，农业机械最终肯定会好销的不是吗？每年有许多农民，由于农业机械事故丧失生命啊。我每年都能收到关于亚洲新设计、制造的农业机械的现状报告，如果我们不做出改变，虽说是先进国家的日本，对农业机械的安全性的想法却跟发展中国家一样，或者是与20世纪60年代日本农业机械刚开始普及的时候一样，一点也没有进步啊。”

部长S先生摇着头回答道：“日本的农户到底想要什么样的农业机械，你好好想想。实施精准农业的大规模农户不管怎样必须控制农业机械的费用。而小规模农户的高龄农民为了购买农业机械可以挤出的费用就是那么一点。总之，是取决于价格能否便宜啊。并且，你试着和农户换位思考，感受一下使用引进这样的安全标准设计的拖拉机会发生什么。什么不系安全带就不能启动，农户肯定会投诉说真是一点都不好用。对于从未受人指挥，一直从事农业的农户来说，你应该知道让他们改变农作业的癖好、习惯是多么困难的一件事。

“至于农业机械事故，主要也是高龄劳动者。而且，即使由于农业机械事故而失去一家的顶梁柱，也没有人去调查其原因并怪罪于农业机械制造厂家，发起诉讼。关键还是使用方法，使用的人的技术、能力的问题啊。感谢你的努力，但这个计划书就当没有做过吧。”

D先生说：“知道了。部长既然要坚持这么说，也没有办法。这回我就放弃。但是，下一次的拖拉机产品更新时，相信由于社会上的人们更多地了解由于拖拉机的操作造成的死亡事故，对安全性的看法肯定会发生变化，那时请允许我再提交提案。”

D 先生从部长 S 先生的办公室出来时思忖道：“好不容易是个向社会提供具有更高安全性的拖拉机的机会，却被部长的意见压下来了，只好放弃。但这样真的可以么……”

【思考与调研】

(1) 为了防止农业机械事故，应采用什么样的对策和技术？分别对事故及其原因，对策和技术进行调研。

(2) 技术员 D 先生向部长 S 先生强烈推荐自己的计划书，但是结果却按照 S 先生的意见撤回了。D 先生的心中产生了什么样的纠结，而且，你觉得 D 先生今后应该怎样行动？

(3) 部长 S 先生从管理层技术人员的立场上，否定了技术员 D 先生的计划书。如果 S 先生的心里也有纠结的话，会是什么样的纠结？还有，你觉得 S 先生今后会怎样做？

(野口良造)

后　记

“一个大事故的发生其背后有 29 个小事故，300 个隐患”。这个关于交通事故的海因里希法则，素来有名。人类开始利用汽车这一文明的利器约 100 年（截至本书日文原版出版时——译者注）。每年日本有超过 100 万起的交通事故，控制交通事故是一个非常迫切的社会课题。然而，这个海因里希法则中隐含着超越交通事故的普遍道理。那就是，寻找避免隐患演变成事故的经验，找出产生隐患的原因，消灭它，据此寻找不至于引起大事故的应对方法。

之所以工程师伦理日益受到重视，是由于工程师的作为对社会影响巨大。工程师伦理要求工程师不断深思熟虑地面对技术的开发和应用所产生的结果。当工程师认识到并将这种经过深入思考的应对作为自己的社会责任的时候，可以预期我们的社会会朝着更好的方向前进。

本书聚焦于工程师的“伦理纠结”，是基于海因里希法则中越是隐患越要认真对待的原理。与交通事故中的隐患相当的工程师的“纠结”，让工程师认识到自己的社会责任的同时，也是促使其从伦理上思考技术应用的应有方式的契机。以对农业工程师的问卷调查作为基础，将从中得到的种种冲突事例作为讨论问题的素材，是本书独一无二的特征。这是基于这样的认识，即重视实践的农业工程师伦理，需要通过实践中的事例来分析。

此外，本书想描摹这样一个事实，即农业工程师的伦理覆盖“生命”“生态系统”“环境”等广阔的领域。这样的认识体现在“纠结”的事例上，还介绍了欧美的农业工程师伦理的新动向。

因此本书形成了这样的结构，即以农业工程师的伦理冲突作为横轴，以与社会进步同时展现的生命、生态系统、环境作为纵轴，在两者交融的现实社会中来思考农业工程师的伦理问题。这样的尝试是否成功，只有等待读者的评判。此外，本书的执笔者们虽在农业的各个分支从事研究与教育，但由于不是研究工程师伦理的专家，从伦理学专家们的角度来看本书内容也许不够深入。为了进一步开展农业工程师伦理的研究，包括针对这种不成熟和不足之处在内，希望能够收到率直的意见和批评，不胜荣幸。

编者

2007 年 6 月

附　　表

原因	农业工程师的伦理纠结		领域																						
			作物生产				设施园艺				畜产				食品产业			林业·林产业				耕地整备	机械·设备		
	纠结的具体原因 1	纠结的具体原因 2	农户·个体经营	一般技术人员	技术系统管理层	企业董事	农户·个体经营	一般技术人员	技术系统管理层	企业董事	农户·个体经营	一般技术人员	技术系统管理层	企业董事	一般技术人员	技术系统管理层	企业董事	农户·个体经营	一般技术人员	技术系统管理层	企业董事	一般技术人员	一般技术人员	技术系统管理层	企业董事
农药	●虽说是为了维持农作物的产量，但这样使用农药行吗？	●但是为了维持农作物的产量，使用农药也是不得已的。	◎①				◎																		
	●虽说是为了维持农作物的产量，但这样使用农药行吗？	●由于在一定的标准内也会造成环境压力，所以在标准范围内就是安全的这种想法是否可以呢？怎么进行指导为好呢？		◎																					

续表

原因	农业工程师的伦理纠结		领域																						
			作物生产				设施园艺				畜产				食品产业			林业·林产业				耕地整备	机械·设备		
	纠结的具体原因 1	纠结的具体原因 2	农户·个体经营	一般技术人员	技术系统管理层	企业董事	农户·个体经营	一般技术人员	技术系统管理层	企业董事	农户·个体经营	一般技术人员	技术系统管理层	企业董事	一般技术人员	技术系统管理层	企业董事	农户·个体经营	一般技术人员	技术系统管理层	企业董事	一般技术人员	一般技术人员	技术系统管理层	企业董事
农药	●节省劳动力是有用的，但使用农药是有害的。	●但是，为了能够让农业持续下去，需要节省劳力，不得不使用农药。	◎				◎																		
	●能够生产没有虫眼外观好看的农作物，但农药是有害的。	●但为了使农产品的外观好看，使用农药也是不得已的。					◎																		
	●为了生产消费者喜好的外观好看的东西，应该可以使用农药。	●而另一方面消费者也要求安全的食品。		◎																					

续表

原因	农业工程师的伦理纠结		领域																						
			作物生产				设施园艺				畜产				食品产业			林业·林产业				耕地整备	机械·设备		
	纠结的具体原因1	纠结的具体原因2	农户·个体经营	一般技术人员	技术系统管理层	企业董事	农户·个体经营	一般技术人员	技术系统管理层	企业董事	农户·个体经营	一般技术人员	技术系统管理层	企业董事	一般技术人员	技术系统管理层	企业董事	农户·个体经营	一般技术人员	技术系统管理层	企业董事	一般技术人员	一般技术人员	技术系统管理层	企业董事
农药	●农药确实有毒性。	●但是温带季风气候区不得不用，能够进行有机栽培也是因为其周围使用了农药，具有防治效果，这点消费者并不知道。						◎																	
	●使用非登记农药是违反社会规则的。	●但是，种植量少的作物有不得不使用非登记农药的情况。					◎																		
	●种植量少的作物不得不用非登记农药。	●但是，要能够灭除原有的该种类的害虫。					○②																		

续表

原因	农业工程师的伦理纠结		领域																						
			作物生产				设施园艺				畜产				食品产业			林业·林产业				耕地整备	机械·设备		
	纠结的具体原因 1	纠结的具体原因 2	农户·个体经营	一般技术人员	技术系统管理层	企业董事	农户·个体经营	一般技术人员	技术系统管理层	企业董事	农户·个体经营	一般技术人员	技术系统管理层	企业董事	一般技术人员	技术系统管理层	企业董事	农户·个体经营	一般技术人员	技术系统管理层	企业董事	一般技术人员	一般技术人员	技术系统管理层	企业董事
农药	●种植量少的作物不得不用非登记农药。	●只好默认其使用。						○																	
	●使用登记农药是不得已的坏行为吗?	●比使用没有安全性根据的天然材料好吗?		○																					
	●根据客户要求介绍了非登记农药。强调了这是非登记农药，这样行吗?	●但是，是否使用是由客户来判断的，而且也不能让客户不高兴。					○	◎																	
	●利用农业机械来播撒农药可以减轻农作业负担，在农业经营中能够更有效地生产农产品。	●但是，关于利用农业机械来播撒农药，为了人类和生态系统的健康，尽可能不用为好。																							

续表

原因	农业工程师的伦理纠结		领域																						
			作物生产				设施园艺				畜产				食品产业			林业·林产业				耕地整备	机械·设备		
	纠结的具体原因 1	纠结的具体原因 2	农户·个体经营	一般技术人员	技术系统管理层	企业董事	农户·个体经营	一般技术人员	技术系统管理层	企业董事	农户·个体经营	一般技术人员	技术系统管理层	企业董事	一般技术人员	技术系统管理层	企业董事	农户·个体经营	一般技术人员	技术系统管理层	企业董事	一般技术人员	一般技术人员	技术系统管理层	企业董事
农药	●利用农业机械来播撒农药是高效率的（农药的空中喷洒）。	●但是，利用农业机械来播撒农药，容易造成农药的过量喷洒。需要适当的农法和机械的技术开发。	○															◎					◎		
	●为了防治松材线虫，要灭除作为载体的松墨天牛，进行药剂的空中喷洒，但担心对其他昆虫等的影响。	●但是，为了保护松林不受松材线虫危害，也不得不进行空中喷洒。																◎	○	○					

续表

原因	农业工程师的伦理纠结		领域																						
			作物生产				设施园艺				畜产				食品产业			林业·林产业				耕地整备	机械·设备		
	纠结的具体原因 1	纠结的具体原因 2	农户·个体经营	一般技术人员	技术系统管理层	企业董事	农户·个体经营	一般技术人员	技术系统管理层	企业董事	农户·个体经营	一般技术人员	技术系统管理层	企业董事	一般技术人员	技术系统管理层	企业董事	农户·个体经营	一般技术人员	技术系统管理层	企业董事	一般技术人员	一般技术人员	技术系统管理层	企业董事
农药	●由于为防治松材线虫的药剂的空中喷洒必须在限定时期的短时间内进行，因此空中喷洒是最佳方法，虽然限定在对人体影响少的黎明进行，但还是担心。	●但是，为了保护松林不受松材线虫危害，也不得不进行空中喷洒。																◎	○	○					
	●边远地区大面积人工造林地的除草，用人力则造成费用增加，所以从空中喷洒除草剂成为最节约费用的方法，但却担心对人体和环境造成污染。	●1 年仅仅喷洒除草剂一两次，种植后七八年的话，就没有必要除草了，所以一般认为不会有影响。																◎	○	○					

续表

原因	农业工程师的伦理纠结		领域																						
			作物生产				设施园艺				畜产				食品产业			林业·林产业				耕地整备	机械·设备		
	纠结的具体原因 1	纠结的具体原因 2	农户·个体经营	一般技术人员	技术系统管理层	企业董事	农户·个体经营	一般技术人员	技术系统管理层	企业董事	农户·个体经营	一般技术人员	技术系统管理层	企业董事	一般技术人员	技术系统管理层	企业董事	农户·个体经营	一般技术人员	技术系统管理层	企业董事	一般技术人员	一般技术人员	技术系统管理层	企业董事
化石能源	●水果、蔬菜、鲜花等的温室暖气，大米的干燥调制设施的干燥能源等，包括为了应对市场要求进行反季节生产、出货，需要大量的化石能源。花卉生产，特别是要求培育温度高的植物冬天需要暖气（生产蝴蝶兰的收益很高），为提高品质和外观，在使用自然能源的干燥调制设施里为了能够有稳定的出货，使用化石能源。	●如果是追求利益，保证味道和品质，鲜花能抚慰人们心灵的话，大量使用化石能源也是难免的。	○				◎	○	◎		○							○					○	○	◎

续表

原因	农业工程师的伦理纠结		领域																						
			作物生产				设施园艺				畜产				食品产业			林业·林产业				耕地整备	机械·设备		
	纠结的具体原因 1	纠结的具体原因 2	农户·个体经营	一般技术人员	技术系统管理层	企业董事	农户·个体经营	一般技术人员	技术系统管理层	企业董事	农户·个体经营	一般技术人员	技术系统管理层	企业董事	一般技术人员	技术系统管理层	企业董事	农户·个体经营	一般技术人员	技术系统管理层	企业董事	一般技术人员	一般技术人员	技术系统管理层	企业董事
化石能源	●引进农业机械是提高农业经营效率所必需的。	●引进农业机械，在机械的制造、使用、维修、报废中要使用大量的化石能源。而且，造成小农户的失业，食用植物多样性的破坏，过度耕作和土壤压实造成的表土土壤流失和生态系统破坏。	○				○				○							○					○	◎	○
	●农产品的长途流通（货车），冷藏流通（冷藏货车，冷藏仓库），需要大量的化石能源。	●但是为振兴边远地区农业的货车运输，为保持鲜度，消费石油也是难免的。	○				◎											○							

续表

原因	农业工程师的伦理纠结		领域																							
			作物生产				设施园艺				畜产				食品产业			林业·林产业				耕地整备	机械·设备		
	纠结的具体原因 1	纠结的具体原因 2	农户·个体经营	一般技术人员	技术系统管理层	企业董事	农户·个体经营	一般技术人员	技术系统管理层	企业董事	农户·个体经营	一般技术人员	技术系统管理层	企业董事	一般技术人员	技术系统管理层	企业董事	农户·个体经营	一般技术人员	技术系统管理层	企业董事	一般技术人员	一般技术人员	技术系统管理层	企业董事
化石能源	●由于木材的采伐和搬运需要大量的人力，所以花费大。另外，纯粹靠人力作业，也有可能发生重大的工伤，所以引进大型多功能机械是合适的。	●但是，需要大量的化石燃料。																◎	○						
	●通过采伐木材并运出、造林和维护等来维持森林的健全状态，有必要建设人和机械更容易接近森林的道路（林道，工程道路）。	●但是，如果花费充分的时间，边实施所需要的附属工程边建设的话，对环境破坏的影响并不成为很大的问题，然而，却有强烈的声音说所有的道路建设都会破坏环境所以必须停止。	●															◎	○						

续表

原因	农业工程师的伦理纠结		领域																					
			作物生产				设施园艺				畜产				食品产业			林业·林产业				耕地整备	机械·设备		
	纠结的具体原因 1	纠结的具体原因 2	农户·个体经营	一般技术人员	技术系统管理层	企业董事	农户·个体经营	一般技术人员	技术系统管理层	企业董事	农户·个体经营	一般技术人员	技术系统管理层	企业董事	一般技术人员	技术系统管理层	企业董事	农户·个体经营	一般技术人员	技术系统管理层	企业董事	一般技术人员	一般技术人员	技术系统管理层	企业董事
化石能源	●目前，把边角料等木材资源作为热源的烘干机所使用的技术在费用上的问题还未解决，为了把采伐后的木材尽快地使用于住宅建设上，不得不使用浪费化石能源的人工烘干机。	●但是，为了使工程以较低价格完成，也不得不使用大量化石能源。																○	◎						
化学肥料	●虽说堆肥花费劳力，但如此依赖化肥能行吗？	●但是，为了能够让农业持续下去，需要节省劳力，使用化肥也是无可奈何的。	◎				◎																		

续表

原因	农业工程师的伦理纠结		领域																						
			作物生产				设施园艺				畜产				食品产业			林业·林产业				耕地整备	机械·设备		
	纠结的具体原因 1	纠结的具体原因 2	农户·个体经营	一般技术人员	技术系统管理层	企业董事	农户·个体经营	一般技术人员	技术系统管理层	企业董事	农户·个体经营	一般技术人员	技术系统管理层	企业董事	一般技术人员	技术系统管理层	企业董事	农户·个体经营	一般技术人员	技术系统管理层	企业董事	一般技术人员	一般技术人员	技术系统管理层	企业董事
化学肥料	●温室栽培中一边倒地使用化肥，这样真的可以吗？	●但是，为了获得温室栽培的好处，化肥一边倒地使用也是无可奈何。					◎																		
	●为了提高产量，化肥的投入量有超过标准的倾向，使新鲜蔬菜和水果的硝酸含量增加。	●“氨氮过多不是会导致水系富营养化和地下水污染吗?”虽这么说，对产量的担忧使得减少施用化肥很难做到。			◎																				

续表

原因	农业工程师的伦理纠结		领域																						
			作物生产				设施园艺				畜产				食品产业			林业·林产业				耕地整备	机械·设备		
	纠结的具体原因 1	纠结的具体原因 2	农户·个体经营	一般技术人员	技术系统管理层	企业董事	农户·个体经营	一般技术人员	技术系统管理层	企业董事	农户·个体经营	一般技术人员	技术系统管理层	企业董事	一般技术人员	技术系统管理层	企业董事	农户·个体经营	一般技术人员	技术系统管理层	企业董事	一般技术人员	一般技术人员	技术系统管理层	企业董事
家畜饲料	●给肉牛喂含低维生素 A 的饲料能够生产美味的市场价值高的牛肉。	●但是，给肉牛喂含低维生素 A 的饲料之后，牛发生夜盲症，好可怜。									◎														
	●通过使用抗生素等添加物，能够实现集约高效的生产。	●但是使用抗生素等添加物会引发畜产品中残留添加物和产生耐药菌，所以为了保障肉食品的安全，以不使用为好。										◎													
	●给高产泌乳奶牛喂肉骨粉，能够生产大量牛奶。	●但是给高产泌乳奶牛喂肉骨粉是无视牛的进食特性，是践踏家畜的福利。										◎													

续表

原因	农业工程师的伦理纠结		领域																						
			作物生产				设施园艺				畜产				食品产业			林业·林产业				耕地整备	机械·设备		
	纠结的具体原因 1	纠结的具体原因 2	农户·个体经营	一般技术人员	技术系统管理层	企业董事	农户·个体经营	一般技术人员	技术系统管理层	企业董事	农户·个体经营	一般技术人员	技术系统管理层	企业董事	一般技术人员	技术系统管理层	企业董事	农户·个体经营	一般技术人员	技术系统管理层	企业董事	一般技术人员	一般技术人员	技术系统管理层	企业董事
家畜饲料	●给家畜喂多于自给量的饲料，能够实现集约高效的生产。	●但是给家畜喂大量饲料后，对所排出的大量排泄物不进行适当处理的话，会引起环境污染。									◎														
品质与价格	●推进“伪”环保型农业技术是对生产农户和消费者的背信弃义。农药和化肥的使用量（次数）和以往相比，例如减少了 3 成，就作为环保型农业技术进行宣传，而不管过去的使用量。	●但是不推进的话，在产地之间的竞争和销售等将处于不利地位，所以对于生产者来说是一种胁迫。		◎				◎																	

续表

原因	农业工程师的伦理纠结		领域																							
			作物生产				设施园艺				畜产				食品产业			林业·林产业				耕地整备	机械·设备		
	纠结的具体原因 1	纠结的具体原因 2	农户·个体经营	一般技术人员	技术系统管理层	企业董事	农户·个体经营	一般技术人员	技术系统管理层	企业董事	农户·个体经营	一般技术人员	技术系统管理层	企业董事	一般技术人员	技术系统管理层	企业董事	农户·个体经营	一般技术人员	技术系统管理层	企业董事	一般技术人员	一般技术人员	技术系统管理层	企业董事
品质与价格	●水果（蔬菜和鲜花）的流通中，虽说大小和颜色规格有严格要求，但是像这样不符合规格的产品大量废弃合适吗？	●但是，在水果（蔬菜和鲜花）的流通中，因为大小和颜色规格有严格要求，也不得不大量废弃不符合规格的产品。	○				○																		
	●有机农产品因为是无农药、无化肥，所以环保。	●但是，消费者真的能接受出现病虫害的商品吗？																							

续表

原因	农业工程师的伦理纠结		领域																						
			作物生产				设施园艺				畜产				食品产业			林业·林产业				耕地整备	机械·设备		
	纠结的具体原因 1	纠结的具体原因 2	农户·个体经营	一般技术人员	技术系统管理层	企业董事	农户·个体经营	一般技术人员	技术系统管理层	企业董事	农户·个体经营	一般技术人员	技术系统管理层	企业董事	一般技术人员	技术系统管理层	企业董事	农户·个体经营	一般技术人员	技术系统管理层	企业董事	一般技术人员	一般技术人员	技术系统管理层	企业董事
品质与价格	●引进农业机械使工作效率提高，能够降低农产品的价格。	●但是，引进农业机械造成小规模农户失业，食用植物多样性遭破坏，由于过度耕作和土壤压实造成表土流失和生态系统破坏。																							
	●有关蒸煮袋、罐头和冷冻食品等（根据法律?）除了原本要标注的东西之外还要标注品尝期限。	●但是，也有过了品尝期限后，有的食品由于味道渗透变得更好吃。丢弃的话造成资源浪费和价格上涨。这种做法是否真的是为了消费者呢，这是个疑问。													◎	○	○								

续表

原因	农业工程师的伦理纠结		领域																						
			作物生产				设施园艺				畜产				食品产业			林业·林产业				耕地整备	机械·设备		
	纠结的具体原因 1	纠结的具体原因 2	农户·个体经营	一般技术人员	技术系统管理层	企业董事	农户·个体经营	一般技术人员	技术系统管理层	企业董事	农户·个体经营	一般技术人员	技术系统管理层	企业董事	一般技术人员	技术系统管理层	企业董事	农户·个体经营	一般技术人员	技术系统管理层	企业董事	一般技术人员	一般技术人员	技术系统管理层	企业董事
品质与价格	●作为住宅建筑材料的木材，无论价格和质量，一直都认为国外的产品要比国产的要好，但站在森林协会职员的立场还是推荐购买国产木材产品。	●国产木材，特别是使用当地产的木材也能促进当地森林环境资源循环，所以多少贵一点也是可以接受，在质量方面到完工为止留有充裕的时间的话就没有问题。																○							
废弃物	●为了节省劳力使农业经营处于得以维持的程度，把稻草和麦秆在田里进行焚烧处理。	●但是，稻草和麦秆是珍贵的有机物资源却在田里进行焚烧处理，这样行吗？	◎	○																					

续表

原因	农业工程师的伦理纠结		领域																						
			作物生产				设施园艺				畜产				食品产业			林业·林产业				耕地整备	机械·设备		
	纠结的具体原因 1	纠结的具体原因 2	农户·个体经营	一般技术人员	技术系统管理层	企业董事	农户·个体经营	一般技术人员	技术系统管理层	企业董事	农户·个体经营	一般技术人员	技术系统管理层	企业董事	一般技术人员	技术系统管理层	企业董事	农户·个体经营	一般技术人员	技术系统管理层	企业董事	一般技术人员	一般技术人员	技术系统管理层	企业董事
废弃物	●温室栽培是为了高效率地经营农业，使用塑料薄膜是不可少的。	●但是，使用塑料薄膜就要排放大量废弃物到环境中去。					◎																		
	●为了降低处理费用把从食品加工厂排出的工业废弃物作为土壤改良剂投放在旱田里。	●但是，这不是会造成土质恶化和水质污染吗？	○											◎											
	●不以循环使用为前提生产旧式农机，没有必要做新的设计变更和设备投资等，从短期来看可以和以往一样开展经营。	●但是，不以循环使用为前提生产旧式农机，只会增加农机废弃物。																					◎	○	

续表

原因	农业工程师的伦理纠结		领域																						
			作物生产				设施园艺				畜产				食品产业			林业·林产业				耕地整备	机械·设备		
	纠结的具体原因 1	纠结的具体原因 2	农户·个体经营	一般技术人员	技术系统管理层	企业董事	农户·个体经营	一般技术人员	技术系统管理层	企业董事	农户·个体经营	一般技术人员	技术系统管理层	企业董事	一般技术人员	技术系统管理层	企业董事	农户·个体经营	一般技术人员	技术系统管理层	企业董事	一般技术人员	一般技术人员	技术系统管理层	企业董事
废弃物	●提高农作业效率和舒适性的高性能农机的促销，能够改善企业的经营。	●但是，能够提高农作业效率和舒适性的高性能农机的促销会造成还可使用的旧型号农机的报废，或出口（阻碍其他国家的农机产业发展）。																					○	◎	
	●家畜排泄物的再利用是对资源的有效利用。	●但是，通过家畜排泄物的再利用，堆肥中重金属的有害成分会被浓缩。还有过量使用会造成土壤和水质恶化。									◎	○													

续表

原因	农业工程师的伦理纠结		领域																						
			作物生产				设施园艺				畜产				食品产业			林业·林产业				耕地整备	机械·设备		
	纠结的具体原因 1	纠结的具体原因 2	农户·个体经营	一般技术人员	技术系统管理层	企业董事	农户·个体经营	一般技术人员	技术系统管理层	企业董事	农户·个体经营	一般技术人员	技术系统管理层	企业董事	一般技术人员	技术系统管理层	企业董事	农户·个体经营	一般技术人员	技术系统管理层	企业董事	一般技术人员	一般技术人员	技术系统管理层	企业董事
废弃物	●木材加工业的废弃物（如树皮、锯末、刨花、边角料等），应交给公共处理机构进行收费处理。但业主为了减少费用，存在自家焚烧或进行非法处理的情况。	●但这样处理，周围的民居会投诉，焚烧产生的烟雾也是环境恶化的原因。																◎	○						
	●如果在这个森林中设立一个不准扔垃圾的牌子，反而很多人会将其作为扔垃圾的场所来使用。	●不可能设专人看守，只能通俗易懂地写出告示，说明到底会给别人造成什么样的麻烦，拒绝作为扔垃圾的场所来使用。																◎	○						

续表

原因	农业工程师的伦理纠结		领域																						
			作物生产				设施园艺				畜产				食品产业			林业·林产业				耕地整备	机械·设备		
	纠结的具体原因 1	纠结的具体原因 2	农户·个体经营	一般技术人员	技术系统管理层	企业董事	农户·个体经营	一般技术人员	技术系统管理层	企业董事	农户·个体经营	一般技术人员	技术系统管理层	企业董事	一般技术人员	技术系统管理层	企业董事	农户·个体经营	一般技术人员	技术系统管理层	企业董事	一般技术人员	一般技术人员	技术系统管理层	企业董事
管理技术	●在狭窄的空间饲养大量家畜有效地利用了时间和空间，实现了高效生产。	●但是在狭窄的空间里饲养大量家畜也会对家畜造成压力，很容易导致疾病的发生。									◎														
转基因作物	●为了提高生产效率想要在农田里试种转基因作物，但是害怕一部分消费者团体的过激反对。	●选择食品的安全还是生产效率？另外，也担心由转基因食品造成的环境污染。			◎																				

续表

原因	农业工程师的伦理纠结		领域																					
			作物生产				设施园艺				畜产				食品产业			林业·林产业				耕地整备	机械·设备		
	纠结的具体原因 1	纠结的具体原因 2	农户·个体经营	一般技术人员	技术系统管理层	企业董事	农户·个体经营	一般技术人员	技术系统管理层	企业董事	农户·个体经营	一般技术人员	技术系统管理层	企业董事	一般技术人员	技术系统管理层	企业董事	农户·个体经营	一般技术人员	技术系统管理层	企业董事	一般技术人员	一般技术人员	技术系统管理层	企业董事
转基因作物	●转基因技术是最先进的技术之一，受邀去演讲，但是很难得到消费者的理解。无论在什么时代要接受最先进的技术都要花很多时间。	●如何去做才能得到大多数普通人的理解呢，对此感到不安。			◎																				
	●通过转基因技术开发的花卉已经开始在市面上流通，康乃馨受到好评开始渐渐地为人们接受了。	●新颖性突出，一时能够成为话题，但是否真的能被消费者接受并固定下来，以及是否能发挥“花卉具有的功能”还是个疑问。					◎																		

续表

原因	农业工程师的伦理纠结		领域																						
			作物生产				设施园艺				畜产				食品产业			林业·林产业				耕地整备	机械·设备		
	纠结的具体原因 1	纠结的具体原因 2	农户·个体经营	一般技术人员	技术系统管理层	企业董事	农户·个体经营	一般技术人员	技术系统管理层	企业董事	农户·个体经营	一般技术人员	技术系统管理层	企业董事	一般技术人员	技术系统管理层	企业董事	农户·个体经营	一般技术人员	技术系统管理层	企业董事	一般技术人员	一般技术人员	技术系统管理层	企业董事
设计标准	●为了提高农业的生产性（机械化作业），在农田改造中进行引水排水分离，结果造成自然生态破坏，这样好吗？	●但是，考虑到为保护自然生态系统的基础调研，施工技术，管理等还不成熟，结果还是沿袭过去的做法。																				◎			
	●要考虑生物的话，打掉已建的混凝土水渠改建为石砌水渠和创造群落生境是不可缺少的。	●但是，从利水和治水的观点来看不得不对水渠进行三面衬砌，所以不知道如何应对为好。																				◎			

续表

原因	农业工程师的伦理纠结		领域																							
			作物生产				设施园艺				畜产				食品产业			林业·林产业				耕地整备	机械·设备		
	纠结的具体原因 1	纠结的具体原因 2	农户·个体经营	一般技术人员	技术系统管理层	企业董事	农户·个体经营	一般技术人员	技术系统管理层	企业董事	农户·个体经营	一般技术人员	技术系统管理层	企业董事	一般技术人员	技术系统管理层	企业董事	农户·个体经营	一般技术人员	技术系统管理层	企业董事	一般技术人员	一般技术人员	技术系统管理层	企业董事
设计标准	●为了增加木材销售的收入也不得不采伐大范围的天然森林。	●但是，这样做的话，要在那里的山谷反复修建挡砂坝就必须持续投入公款，所以或许与其采伐不如投入经费整治森林，谋求流域环境保护为好。																◎	○						
收益的多样性	●建设事业中如果加入“与环境协调”的内容，就成为追求公共利益。	●但是，如农田改造事业这样的土地改良事业，原本就是为了追求私利才进行的，所以要做到“与环境协调”程度是有限的。																				◎			

续表

原因	农业工程师的伦理纠结		领域																						
			作物生产				设施园艺				畜产				食品产业			林业·林产业				耕地整备	机械·设备		
	纠结的具体原因 1	纠结的具体原因 2	农户·个体经营	一般技术人员	技术系统管理层	企业董事	农户·个体经营	一般技术人员	技术系统管理层	企业董事	农户·个体经营	一般技术人员	技术系统管理层	企业董事	一般技术人员	技术系统管理层	企业董事	农户·个体经营	一般技术人员	技术系统管理层	企业董事	一般技术人员	一般技术人员	技术系统管理层	企业董事
	●为了确保粮食生产虽然通过耕地整备事业造出优良农田，但是共同让地③使耕地减少。	●但是，为了筹措事业中当地所分担的费用又没有其他办法，只好任其行之。																				◎			
制度的整合性	●具有保全生物多样性的公益性功能，已成为建设事业的原则。	●但是，由于产生公益性的对策的建设事业费用（额外经费）无法让农户负担，所以执行有困难。																				◎			
	●减农药减化肥栽培（特别栽培农作物④）的标准是该地区以往投入使用量的二分之一。	●但是，因为标准有地区性差异，不是在有些地方欺骗了消费者吗？	◎	○																					

续表

原因	农业工程师的伦理纠结		领域																						
			作物生产				设施园艺				畜产				食品产业			林业·林产业				耕地整备	机械·设备		
	纠结的具体原因1	纠结的具体原因2	农户·个体经营	一般技术人员	技术系统管理层	企业董事	农户·个体经营	一般技术人员	技术系统管理层	企业董事	农户·个体经营	一般技术人员	技术系统管理层	企业董事	一般技术人员	技术系统管理层	企业董事	农户·个体经营	一般技术人员	技术系统管理层	企业董事	一般技术人员	一般技术人员	技术系统管理层	企业董事
制度的整合性	●以国家补贴为前提振兴小麦和大豆的生产。	●但是，补贴废止之后的状况责任由谁来负呢？	◎	○																					
	●作为国家农业政策的一环，用国家补贴开发山林、建设果园，建成后也还担心是否能持续经营下去。	●但是，由于至今为止是作为国家政策进行指导的，不会过问之后的经营责任。																	◎	○					

译者注：① ◎表示强相关的领域，余同。

② ○表示有相关性的领域，余同。

③ 把共同让出的土地卖出，收益作为农田改造工程的资金。

④ 根据国家制定的指南，化肥和农药分别在使用量或次数上比当地以往的用量减少50%以上就可以被认定为特别栽培农作物（农产品改为减农药、减化肥产品）。